本书由联合国儿童基金会（UNICEF）资助、民政部国家减灾中心承担的"中国西部地区减轻灾害风险示范社区建设"项目资助出版

前　言

　　对于一个在中国已经运行了将近十年的社区减灾模式而言，中国社区综合减灾示范模式发展的实践是任何从事中国减灾研究的人士所不能忽视的。因为，它是中国减灾的一个重要组成部分，缺少了对它的研究，任何关于中国减灾的理论体系都不会完整。

　　2014年1月，在完成《社区减灾政策分析》书稿后，我们便着手收集有关社区综合减灾示范模式的资料并展开相关研究。2015年，在参与由联合国儿童基金会（UNICEF）资助、民政部国家减灾中心承担的"中国西部地区减轻灾害风险示范社区建设"项目方案的设计中，我们便提出了社区减灾模式研究的内容并将其纳入项目研究之中。

　　在对过去几年收集的与社区减灾模式相关的资料和成果进行分析的基础上，我们提出了社区减灾模式分析的研究框架，并紧紧围绕"中国社区减灾模式是什么"和"中国社区减灾模式如何发展"两个核心问题，在对社区减灾模式进行理论分析之后，从历史演变、内容特征、运行机制、未来发展和具体案例五个方面，对中国社区综合减灾示范模式进行了描述和分析。

　　本书的研究框架和各章之间的逻辑关系是在充分掌握资料的基础上经多次讨论确定的。第一章在对社区减灾的研究进行回顾和总结的基础上，提出了本书关于社区减灾模式的定义和分类、社区减灾模式分析的内容和方法；第二章从历史背景和发展阶段两个方面,对我国社区减灾模式的历史演变进行了深入分析;第三章介绍了我国社区减灾模式的主要内容和基本特征;第四章从政策保障机制、综合协调机制、资金投入机制和主体参与机制四个方面,介绍了我国社区减灾模式的运行机制;第五章从社区减灾模式发展的影响、社区减灾模式发展的困境和社区减灾模式发展的方向三个方面,对我国社区减灾模式的未来发展进行了探讨;最后一章,也就是第六章,按照背景、内容和评述的编写体例,撰写了体现我国社区综合减灾示范模式内涵和特征的两个具体案例——四川省成都市锦江区水井坊社区综合减灾模式和浙江省宁波市北仑区大碶街道九峰山农村新社区综合减灾模式。

本书是"中国西部地区减轻灾害风险示范社区建设"项目的成果之一,也是集体劳动的结晶。佴锡金提出本书的写作框架,撰写第一、三、四、五章,并负责全书统稿;朱晓丹撰写第二章;杨洁撰写第六章。

在写作过程中,我们力图将我国社区综合减灾示范模式较为客观和完整地总结出来。同时,我们也对这一模式发展的阶段性特征和制约性因素进行了分析。我们相信,本书能让读者对我国的社区减灾模式有所了解和收获;我们也希望本书能抛砖引玉,引出更多关于社区减灾模式研究的优秀成果。

作　者
2017 年 6 月

目　录

第一章
社区减灾模式概述

社区减灾模式是对一定区域或领域内社区减灾经验的总结和提炼,它反映了一定区域或领域内社区减灾的共有特征。

社区减灾模式由其自身的外在表现形式和支持其运行的各种政策或工作机制共同构成。

社区减灾模式提供了一系列行为规范。通过这些行为规范,人们能够清楚地知道社区减灾相关主体的职责和任务(谁来开展社区减灾)、社区减灾的基本内容(从哪些方面来开展社区减灾)以及社区减灾的标准是什么(达到什么要求)。

社区减灾模式具有很强的参考和借鉴意义,但并不意味着它能够被完完全全地复制使用。只有模式运行的环境完全相同,社区减灾模式才具有完整意义上的可复制性特征。

作为一项公共管理活动,社区减灾必然有其自身的运行模式。[①] 这一模式,也就是我们通常所说的社区减灾模式。然而,对于究竟什么是社区减灾模式,人们并没有一个统一的答案。在社区减灾的理论研究和实践总结中,人们更多的是把一种做法称为

---

① 参见俸锡金等:《社区减灾政策分析》,北京:北京大学出版社 2014 年版,第 7—8 页。

一种模式,而较少从理论上阐述和分析模式的内涵、外延、类别和特征等方面的内容。本章在回顾和总结有关社区减灾理论研究的基础上,力图厘清社区减灾模式的定义和分类,并提出社区减灾模式分析的内容和方法。

第一节　社区减灾研究综述

随着社区减灾在我国的不断推进[①],有关社区减灾的理论研究也逐步多了起来。研究者从不同的角度,以论文、著作抑或研究报告等形式展现他们的研究成果,为我们研究和理解社区减灾模式提供了参考和借鉴。归结起来,研究者对社区减灾的研究主要集中在以下六个方面。

一、关于社区减灾含义的研究

对社区减灾概念的界定,大致可以分为以下四类。其一是从主体关系角度来定义社区减灾。"社区减灾是指活跃在社区里的各个主体如居民、企业、民间组织、基层政府等结成一种合作伙伴关系,在灾害面前具备基本的自救、互救能力。"[②]其二是将社区减灾定义为政府提供的公共产品和服务。"社区减灾,是基层政府管理向社区延伸、向居民提供减灾公共产品和服务,社区自主采取减灾措施保护居民安全二者的有机结合。"[③]其三是从性质、目标和内容等方面来概括社区减灾的含义。"社区减灾,顾名思义就是在社区范围内进行的减灾工作。社区减灾的含义至少包括四个方面:一是社区减灾是以社会的最基本单元或者社会大机体的细胞为背景,是最基础最基层的减灾工作;二是社区减灾是以减轻各种灾害对社区人居环境的影响为目标,最终要升华为一种安全社区文化;三是社区减灾作为最广泛深刻和全面综合的减灾工作,囊括了社区内的自然灾害、环境灾害、人为技术灾害和其他公共事件应对过程的全部内容;四是社区减灾是社区建设的重要内容之

---

①　社区减灾的演变过程参见本书第二章"社区减灾模式的历史演变"。
②　吕芳:《社区减灾:理论与实践》,北京:中国社会出版社 2011 年版,第 1 页。
③　丁石孙:《灾害管理与平安社区》,北京:群言出版社 2006 年版,第 257 页。

一,为社区建设提供支持保障并服从和服务于社区建设。"①其四是从社区减灾的本质来阐述其内涵和外延。"社区减灾在本质上是一项公共管理活动。这一本质属性可以从三个方面加以理解。首先,社区减灾作为一项公共事务管理活动,不仅仅是政府,政府之外的其他公共组织也参与其中;其次,在这一公共管理活动中,政府始终是最核心的公共管理主体;最后,社区减灾是由一系列减灾公共产品和服务构成的总和,政府不必是唯一的提供者,也不必直接提供某些公共产品,它可以通过建立公共部门与私营部门、非政府组织的合作伙伴关系和有效的、激励性的制度安排来激励其他社会主体参与供给。"②

二、关于社区减灾问题与对策的研究

对社区减灾问题与对策的研究,大致可以分为以下三类。第一类是从整体上对社区减灾存在的问题进行研究。来红州在《我国社区综合减灾工作概况》一文中指出,我国社区减灾存在"发展不平衡、缺乏长效机制、缺乏经费保障、预警和风险评估不完善、减灾基础设施薄弱和缺乏专业指导"等薄弱环节,并提出改进工作的政策建议。③国家减灾委办公室 2010 年的研究报告,从社区减灾能力建设的总体发展、社区综合减灾协调机制建设、社区防灾减灾资源的优化组合、社区减灾能力建设的配套措施、防灾减灾社会组织发展参与和中小学在社区减灾能力建设中的作用等六个方面,分析了中国社区减灾能力建设存在的问题与不足,并提出编制中国社区减灾能力建设的专项规划和推动社区减灾能力建设的平衡发展,将社区减灾能力建设与社区其他工作相衔接,明确中央和地方各级政府在社区减灾工作中的责任、合理分担财政投入比例,加强村(居)委会建设、建立健全社区减灾综合协调机制,积极促进减灾救灾类社会组织发展和培育社会志愿服务意识,充分发挥学校尤其是中小学在社区减灾能力建设中的作用等六项政策建

---

① 周晓红、周晓菁:《社区减灾综合对策分析》,载《中国减灾》2006 年第 4 期,第 24 页。
② 俸锡金等:《社区减灾政策分析》,北京:北京大学出版社 2014 年版,第 7—8 页。
③ 来红州:《我国社区综合减灾工作概况》,载《中国减灾》2013 年第 23 期,第 13 页。

议。① 张晓曦从经济状况、减灾能力、减灾意识、社会资本、技术和物资、宣传教育六个方面分析了我国社区减灾面临的主要问题。② 第二类是对某一区域社区减灾问题的研究。袁艺在分析自然灾害对农村地区产生影响的基础上,认为中国农村减灾存在五个方面的主要问题,并提出了五个方面的对策建议。③ 吕芳基于对"5·12"汶川特大地震后四川、甘肃和陕西三省五个农村社区的调查,分析了西部农村社区减灾存在的主要问题,并提出了四个方面的政策建议。④ 张健对天津社区减灾存在的"发展不平衡、减灾意识淡薄、人员资金保障缺乏、技术和物资缺乏、宣传教育力度不够"等问题进行了分析,并提出了加强组织领导、强化宣传教育、加强队伍建设、发挥经常性捐赠站点作用、完善应急预案等五个方面的政策建议。⑤ 刘亚娜从防灾立法、基础设施、应对资金和防灾组织四个方面分析了北京农村社区防灾减灾问题,并提出七个方面的政策建议。⑥ 俸锡金从社区减灾能力建设的视角,认为农村社区减灾面临七个方面的主要问题,并提出六个方面的政策建议和应对措施。⑦ 第三类是对社区减灾某一方面的问题进行研究。戴婧从教育规划、师资力量和教学方法三个方面对社区灾害教育存在的问题进行了研究和分析。⑧ 程啸从防灾减灾组织管理机构、应急预案、防灾减灾规划、风险调查评估、减灾过程性、公众参与度、减灾考核制度等七个方面,分析了我国城市社区防灾减灾法律制度存在的问题并提出解决对策。⑨ 褚松燕等从中国城市社区防灾减灾救灾体系建设的视角,研究了城市社区减灾在防灾减灾救灾

① 中国国家减灾委办公室:《城乡社区减灾能力建设研究报告》,联合国开发计划署(UNDP)资助项目"早期恢复和灾难风险管理"的子项目报告,2010 年 12 月,第 71—87 页。

② 张晓曦:《我国社区防灾减灾面临的主要问题》,载《青年与社会》2013 年第 11 期,第 278 页。

③ 袁艺:《中国农村的自然灾害和减灾对策》,载《中国减灾》2009 年第 3 期,第 21—23 页。

④ 吕芳:《西部农村社区减灾:问题与成因——以震后五个重点村为例》,载《中国农村经济》2010 年第 8 期,第 88—96 页。

⑤ 张健:《天津市社区灾害管理问题及对策》,载《环境与可持续发展》2013 年第 5 期,第 76—77 页。

⑥ 刘亚娜:《北京农村社区防灾减灾问题浅析》,载《北京航空航天大学学报》(社会科学版)2013 年第 5 期,第 16—21 页。

⑦ 俸锡金:《农村社区减灾能力建设的困境与对策》,载《中国减灾》2009 年第 10 期,第 26—27 页。

⑧ 戴婧:《中国社区灾害教育现状分析》,载《城市与减灾》2014 年第 1 期,第 15—18 页。

⑨ 程啸:《我国城市社区防灾减灾法律制度研究》,西南政法大学硕士学位论文,第 22—28 页、第 35—46 页。

系统联动中存在的不足并提出六个方面的对策。① 陈荣等从灾害风险管理的角度,分析了我国社区灾害风险管理存在的问题并提出六个方面的政策建议。②

三、关于社区减灾政策的研究

对社区减灾政策的研究主要集中在四个方面。第一个方面是对社区减灾政策环境与执行效果的探讨。由民政部和联合国驻华机构灾害管理小组共同举办的"社区减灾政策与实践研讨会",对社区减灾面临的形势与挑战、社区减灾模式与政策、社区减灾的实践、全球气候变化对社区减灾的影响,以及中国的社区减灾政策等进行了深入的研讨。③ 这次会议及成果,对理解社区减灾政策环境,分析和评估社区减灾政策执行效果,推动社区减灾政策的改进和社区减灾政策研究的发展产生了十分积极的作用。第二个方面是对社区减灾政策的梳理和总结。在《中国的社区减灾政策》一文中,张晓宁对2005—2009年国家加强社区减灾工作的政策要求进行了梳理,并对"全国综合减灾示范社区"的创建工作进行了总结。④ 第三个方面是对社区减灾政策的制定进行分析。由世界卫生组织编写的《社区应急准备——管理及政策制定者手册》,用一整章的篇幅,对如何制定社区的应急政策进行了描述和分析。⑤ 第四个方面是从公共政策的角度对社区减灾政策进行系统的理论研究。俸锡金等在《社区减灾政策分析》一书中,将社区减灾政策界定为"国家法定主体为减轻灾害风险和减少灾害损失所制定的引导和规范社区减灾行为的准则",并借助公共政策理论和系统分析方法,通过回溯性分析,

---

① 褚松燕:《从灾害管理到灾害治理:中国城市社区减灾防灾救灾体系研究》,载《中国治理评论》2014年第1期,第123—144页。

② 陈荣等:《社区灾害风险管理的现状与展望》,载《灾害学》2013年1月第1期,第135—137页。

③ 研讨会于2009年11月在四川省广元市召开,67名来自民政部、联合国灾害管理机构以及国内大专院校、城乡社区、新闻媒体、社会团体和企业、地方民政救灾系统的代表参加会议。会后,由中华人民共和国民政部和联合国驻华机构灾害管理小组于2009年12月将会议发言材料汇编为《社区减灾政策与实践》。

④ 张晓宁:《中国的社区减灾政策》,载《中国减灾》2010年第5期,第18—19页。

⑤ 世界卫生组织:《社区应急准备——管理及政策制定者手册》,北京:人民军医出版社2002年版。

对中国社区减灾政策生命周期的几个关键性环节（即政策的制定、执行和评估，以及影响社区减灾政策整个生命过程的政策环境和政策发展）进行了重点研究和系统分析，为中国社区减灾政策的发展提出了一些建设性对策。

四、关于社区减灾能力的研究

对社区减灾能力的研究主要集中在如何提高社区减灾能力的方法和措施方面。这方面的研究大致可以分为两类：一类是从事社区减灾的实际工作者的研究，他们的研究主要以总结和提炼本区域社区减灾能力建设的经验为主。比如，北京市望京街道办事处从完善社区灾害应急管理网络体系、编制社区灾害应急预案、建立社区减灾工作长效机制、制订社区应急减灾安全计划、改善社区防灾减灾设施等方面，总结了望京社区加强社区减灾能力建设的主要做法[1]；喻尊平从预案、机构、机制、意识培养、隐患排查等方面，总结了江西省社区减灾能力建设的具体做法[2]；王应有从组织体系、政策制度体系、物资保障体系、宣传教育体系和能力建设体系五个方面，总结了浙江省社区减灾能力建设的主要做法[3]。另一类是专家学者的研究，他们的研究主要从学理的角度，阐述应该从哪些方面来加强社区减灾能力建设。比如，吕芳认为可以利用社区的社会资本来提高社区减灾能力[4]；邓彩霞等认为可以从增强意识、提高能力、完善设施安全、完善预警预报体系和健全组织体系等方面，加强农村社区减灾能力建设[5]；王兰民认为必须依靠创新性的公共政策，并从管理、宣传、技术服务、金融保险等多方面建立农村社区的

---

[1]　北京市朝阳区人民政府望京街道办事处：《创新机制　提高社区综合减灾能力》，载《中国减灾》2008 年第 11 期，第 34—35 页。

[2]　喻尊平：《坚持五个注重，扎实推进城乡社区综合减灾能力建设》，载《中国减灾》2016 年第 1 期，第 56—59 页。

[3]　王应有：《构建五个体系，着力提升城乡社区综合减灾工作水平》，载《中国减灾》2013 年第 3 期，第 28—30 页。

[4]　吕芳：《利用社区的社会资本提升社区减灾能力》，载《中国社会报》2009 年 10 月 26 日第 B02 版。

[5]　邓彩霞等：《农村社区防灾减灾能力建设研究》，载《甘肃农业》2013 年第 22 期，第 20—21、25 页。

灾害防御体系①;陈建英从制定社区防灾规划、优先改造危旧房屋、消除社区安全隐患、防范高层建筑灾害、控制建筑和人口密度、设置避难场所、建立社区自救互救组织、编制社区应急预案等方面,提出加强社区减灾能力建设的主要内容②。除了对加强社区减灾能力建设的方法研究外,还有一些研究者对社区减灾能力建设的定义和构成进行了探讨。民政部国家减灾中心2009年2月关于农村社区减灾能力建设的研究报告,提出了评估农村社区减灾能力建设的框架结构和21项基本指标③。在此基础上,国家减灾委办公室2010年12月关于城乡综合减灾能力建设的研究报告,提出了社区减灾能力研究的四个维度,并基于关系模式(Relational Model)对社区能力的界定来研究社区减灾能力。④ 任翠华等以历时五年的乡村社区灾害管理实践为基础,通过观察分析、实践探索、经验总结、效果评估、实践干预,基于为实践提供理论框架的构想,对能力的内在逻辑进行分层解构,并从实践感知和对减灾能力构成的认知,提出了基于能力要素驱动的社区实践模式,即"一划三机制"乡村社区减灾能力建设实践模式。⑤ 汪万福等将社区减灾能力的结构进行了分解,认为社区减灾能力主要由基础能力、核心能力和其他相关能力三部分构成;并且,三者相互依存、相互补充。⑥

五、关于社区灾后恢复重建的研究

对灾后社区恢复重建的研究主要集中在四个方面。第一个方面是灾后社区恢复重建模式的研究。徐玖平等提出了灾后社区建设的优选统筹模

---

① 王兰民:《社会主义新农村建设中的防灾减灾》,载丁石孙:《灾害管理与平安社区》,北京:群言出版社2006年版,第165—204页。

② 陈建英:《社区减灾实务》,载丁石孙:《灾害管理与平安社区》,北京:群言出版社2006年版,第257—277页。

③ 民政部国家减灾中心:《农村社区减灾能力建设研究报告》,联合国开发计划署(UNDP)资助项目"早期恢复和灾难风险管理"的子项目报告,2009年2月,第14页。

④ 中国国家减灾委办公室:《城乡社区减灾能力建设研究报告》,联合国开发计划署(UNDP)资助项目"早期恢复和灾难风险管理"的子项目报告,2010年12月,第2—9页。

⑤ 任翠华等:《乡村社区减灾能力建设研究——基于乡村社区灾害管理实践的思考》,载《城市建设理论研究》(电子版)2014年第8期。

⑥ 汪万福等:《社区防灾减灾能力培育》,载《中国减灾》2011年第15期,第36—37页。

式①；朱健刚等在对灾后社区重建中参与式发展理论反思的基础上，提出了社区重建的多元共治模式②；金小红等认为服务型的社区管理模式是整合社区资源和社区关系的必要基础，而积极发展农村社区教育模式、农村社区服务模式、农村社区产业模式和农村社区养老模式是灾后重建中修复社区人际关系和形成新的社区归属感、社区安全感和社区认同感的必要措施③；王华通过案例分析与理论实践，探寻并构建了社区灾后重建可持续发展模式④。第二个方面是灾后社区关系重建的研究。涂力在梳理分析灾后重建与人际关系相关理论，以及灾民心理状况、家庭关系、社区关系、组织关系、干群关系在震灾前后和在重建中产生变化的基础上，提出了四川灾后人际关系构建的对策⑤；张昱基于安置社区社会工作介入的实践，对灾后社会关系恢复重建的路径进行了探索⑥；民政部国家减灾中心2010年的研究报告，以四川省彭州市小鱼洞镇大楠社区和江桥社区为研究对象，在分析影响社区关系重建的主要因素即就业、收入和生活状况的基础上，认为灾区村民是社区关系重建的主体，村民利益攸关的切身问题、社会生活和公共参与是社区关系重建的主要内容⑦。第三个方面是对灾后社区恢复重建机制的研究。夏提古丽·夏克尔等在系统分析我国台湾地区"9·21"地震后社区发展实践的基础上，从社区公共决策机制、组织协调机制、资源动员机制、服务递送机制、监控反馈机制等五个方面对其运行机制进行了学理探讨⑧；袁鑫提出

---

① 徐玖平等：《汶川特大地震灾后社区建设的优选模式》，载《管理学报》2009年第2期，第170—181页。

② 朱健刚等：《多元共治：对灾后社区重建参与式理论的反思——以"5·12"地震灾后社区重建中的新家园计划为例》，载《开放时代》2011年第10期，第5—25页。

③ 金小红等：《汶川灾后农村社区系统恢复重建的模式思考》，载《公共管理高层论坛》（第10辑）2010年第2期，第91—112页。

④ 王华：《社区灾后重建的可持续发展研究——以雅安市芦山先锋社区为例》，载《新常态：传承与变革——2015中国城市规划年会论文集》（06城市设计与详细规划），2015年9月19日。

⑤ 涂力：《四川灾后重建之人际关系建构分析——以四川省什邡峡马口村为例》，西南交通大学硕士学位论文，2011年5月。

⑥ 张昱：《灾后社会关系恢复重建的路径探索——基于Q安置社区社会工作介入的实践》，载《华东理工大学学报》（社会科学版）2008年第4期，第1—6页。

⑦ 民政部国家减灾中心：《灾后社会组织系统恢复和社区关系重建研究报告》，李嘉诚基金会捐助项目"彭州市小鱼洞镇大楠社区建设"的子项目报告，2010年7月。

⑧ 夏提古丽·夏克尔等：《台湾灾后社区发展的运行机制探讨》，载《社会工作》2014年第1期，第111—117,149页。

社区灾后重建要构造"政府救助、社会扶助、民众自助"相结合的协同治理机制,以实现灾后社区从单纯依靠"外部输血"向"内部造血"转变,促进政府、社会力量和民众直接或间接的合作,并在灾后重建的基础上,增强社区未来发展的动力[①];黄承伟等从扶贫开发的视角,提出了贫困村灾后恢复重建与扶贫开发相结合的四个机制[②]。第四个方面是对灾后社区重建政策的研究。祝明等以减灾纳入灾后恢复重建全过程为主线,从社区减灾计划制订、社区恢复重建、农房恢复重建和社会组织参与等四个方面对灾后恢复重建与社区减灾政策进行了考察,研究将减灾纳入恢复重建全过程的可行途径,并提出了相关的政策建议。[③]

六、关于社区减灾模式的研究

对社区减灾模式的研究主要集中在三个方面。其一是对国外社区减灾模式的总结和分析。张素娟在《国外减灾型社区建设模式概述》一文中,总结和分析了美国、英国、日本、澳大利亚和印度尼西亚五国的社区减灾模式[④];伍国春在《日本社区防灾减灾体制与应急能力建设模式》一文中,介绍了日本自主防灾型社区减灾模式[⑤]。其二是对社区减灾模式的比较研究。宋燕琼等在《国际社区减灾三种模式比较》一文中,从实施方法、建设标准和社区建设三个方面,对瑞典推行的"安全社区"、美国推行的"防灾型社区"和东南亚等国家推行的"以社区为基础的灾害风险管理"三种模式进行了比较分析[⑥];周洪建等在《社区灾害风险管理模式的对比研究》一文中,从目标、灾害主体、角色定位、参与主动性、参与决策、灾害风险评估和责任分配等七个方面将中国的"综合减灾示范社区模式"与国外"以社区为基础的灾害风险

---

① 袁鑫:《治理视域下灾后社区重建研究——以四川省芦山县为个案》,华中师范大学硕士学位论文,2015 年 5 月。

② 黄承伟等:《马口村:外部援助与内源互动重建》,武汉:华中科技大学出版社 2012 年版,第 146—148、163—166 页。

③ 祝明等:《灾后重建与社区减灾政策研究》,北京:法律出版社 2014 年版。

④ 张素娟:《国外减灾型社区建设模式概述》,载《中国减灾》2014 年第 1 期,第 52—57 页。

⑤ 伍国春:《日本社区防灾减灾体制与应急能力建设模式》,载《城市减灾》2010 年第 2 期,第 16—20 页。

⑥ 宋燕琼等:《国际社区减灾三种模式比较》,载《中国减灾》2011 年第 19 期,第 8—9 页。

管理"(CBDRM)进行了分析和对比[①]。其三是对中国社区减灾模式的总结和分析。吕芳在《社区减灾：理论与实践》一书中，从社区减灾主体的角度，抽象出了当前中国存在的"政府直管、单位主导和社区主导"三种典型的社区减灾模式[②]；陈新辉等对北京城市社区灾害管理模式进行了探索性研究，对北京城市社区灾害管理新模式的建立原则、组织体系和日常运行进行了较为深入的分析[③]；国家减灾委办公室在 2010 年的研究报告中，总结了社区综合减灾的四种模式，即北京望京社区减灾模式、上海城市社区综合减灾模式、浙江农村社区综合减灾模式和湖南省常德市临澧县社区综合减灾模式[④]。其四是对社区减灾模式的探索。由民政部和亚洲基金会（TAF）从 2007 年开始共同实施的"灾害管理公共合作项目"，探索建立社区减灾的多元参与合作模式。在项目的推动下，四川省宣汉县建立了"政府主导、部门联动、多方参与、资源共享、制度保障"的"宣汉模式"，山东青岛形成了"政府主导、企业支持、社区运作、公众参与"的市南灾害管理工作新模式，宁波市北仑区形成了"政府主导、企业支持、社区运作、公众参与、以点带面、多方渗透"的防灾减灾多元利益主体合作模式[⑤]；吕芳依据政府干预的强弱、政府是汲取还是释放资源，提出了"无为型、吸纳型、委托型和合作型"四种社区减灾模式[⑥]；施式亮等在论述国内外安全社区建设的发展状况，介绍世界卫生组织安全社区的认可标准及有关指标，并评价我国实现安全活动的两大创新理论，解释当代人安全第一公理概念的基础上，提出了安全社区建设的基本模式——"自组织"与"他组织"相结合的模式及安全文化教育模式[⑦]。

---

① 周洪建等：《社区灾害风险管理模式的对比研究》，载《灾害学》2013 年第 2 期，第 120—126 页。

② 吕芳：《社区减灾：理论与实践》，北京：中国社会出版社 2011 年版，第 146—173 页。

③ 陈新辉等：《北京城市社区灾害管理模式的探索性研究》，载《科技与管理》2007 年第 2 期，第 84—87 页。

④ 中国国家减灾委办公室：《城乡社区减灾能力建设研究报告》，联合国开发计划署（UNDP）资助项目"早期恢复和灾难风险管理"的子项目报告，2010 年 12 月，第 23—64 页。

⑤ 王玉海等：《社区综合减灾防灾社会参与机制研究——以民政部与亚洲基金会灾害管理合作项目为例》，载罗平飞：《全国减灾救灾政策理论研讨优秀论文集》，北京：中国社会出版社 2011 年版，第 213—236 页。

⑥ 吕芳：《中国式社区减灾的政府角色》，载《政治学研究》2012 年第 3 期，第 120—126 页。

⑦ 施式亮等：《安全社区模式及其运行机制研究》，载《中国安全科学学报》2005 年第 9 期，第 7—12 页。

通过前面对社区减灾和社区减灾模式研究的梳理和分析,我们可以看到,这些研究主要集中在社区减灾的含义、能力、问题、政策、模式等方面,对社区减灾模式的研究也主要集中在模式介绍、模式总结和模式探索等方面,并没有从理论上阐明社区减灾模式的定义、内容、类别和特征,也没有较为系统地研究我国社区减灾模式的形成与发展、内容与特征等方面的内容。而这正是本书所要研究的重点内容。

第二节　社区减灾模式的概念与分类

概念是研究和讨论任何问题的基础和前提,它直接制约着问题研究的深度和广度。[①] 在这一节,我们将首先讨论作为本研究基础的三个基本概念,然后阐述社区减灾模式的概念和分类。

一、概念基础

在本研究中,我们首先要界定社区、灾害和社区减灾这三个最为基本的概念。这三个基本概念在笔者《社区减灾政策分析》一书中已有较为详尽的阐述,在本研究中,我们将在沿用原有概念的基础上,根据研究的实际进行相应的修订。

首先是关于社区的概念。在《社区减灾政策分析》一书中,我们将社区界定为"以一定规范和制度,将一定地域范围内的个人、群体和组织结合在一起的社会生活共同体",并将一定的地域范围界定为法定社区的辖区范围,也即农村的行政村或自然村辖区以及城市的街道或居委会辖区。此外,还将特定情形下临时划分的特定区域(如重大灾害后建立的帐篷或板房社区、在重大工程建设中临时建立的工程建设者聚居区)也包含在内。[②] 在本研究中,我们将沿用这一社区定义,但不包含特定情形下划分的特定区域。

其次是关于灾害的概念。在《社区减灾政策分析》一书中,我们按照《自然灾害灾情统计第 1 部分:基本指标》(GB/T 24438.1-2009)的定义,将灾害

---

① 王芳:《"中国模式"概念之语境辨析》,载《中共南京市委党校学报》2012 年第 3 期,第 56 页。
② 参见俸锡金等:《社区减灾政策分析》,北京:北京大学出版社 2014 年版,第 3 页。

界定为自然灾害,也即"由自然因素造成人类生命、财产、社会功能和生态环境等损害的事件和现象,主要包括干旱、洪涝灾害,台风、冰雹、雪、沙尘暴等气象灾害,火山、地震灾害,山体崩塌、滑坡、泥石流等地质灾害,风暴潮、海啸等海洋灾害,森林草原火灾和重大生物灾害等"①。在本书中,尽管我们在讨论的时候还是以自然灾害为主,但在一些地方会将灾害的范围扩大到其他类型的灾害事件。这主要是基于以下几点考虑:一是在国家减灾委办公室 2013 年修订出台的《全国综合减灾示范社区标准》②中,突出了示范社区的综合性,对 2010 年出台的《全国综合减灾示范社区标准》中的一些表述进行了修改,比如将"灾害救助应急预案"修改为"应急预案",将"救灾应急演练"修改为"应急演练",将"救灾队伍"修改为"救援队伍"等,将"以全国防灾减灾日、国际减灾日为契机"修改为"结合世界气象日、全国防灾减灾日、全国科普日、国际减灾日等"。③ 在灾害风险评估部分的条文中,明确提出要列出社区内潜在的自然灾害、安全生产、公共卫生、社会治安等方面的隐患。由此可见,在 2013 年修订的《全国综合减灾示范社区标准》中,社区减灾中的灾害范围不再局限于自然灾害。二是从综合减灾示范社区创建的实践来看,不少社区都将事故灾难、公共卫生事件、社会安全事件纳入其中。比如,北京望京街道就将四大类突发事件作为社区减灾的主要内容;山东省济南市槐荫区青年公园社区也将社区消防纳入了社区减灾的重要范畴。④ 三是从我国社区运行的实际情况来看,作为社会的最基层单位,在相当一段时期内,社区面临"上面千条线,下面一根针"的工作状态不会有太大的改变,加之自然灾害的地域性和非常态化两个特征⑤,将其他类灾害统一纳入社区减灾的重要内容也是一种较为现实的选择。四是从我国公共安全和社会治理的政策诉求来看,将其他类灾害纳入社区减灾的范畴来统筹考虑,符合国家

---

① 参见俸锡金等:《社区减灾政策分析》,北京:北京大学出版社 2014 年版,第 4 页。

② 参见《国家减灾委员会办公室关于印发全国综合减灾示范社区标准的通知》(国减办发〔2013〕2 号)。

③ 参见民政部救灾司减灾处提供的《关于修订〈全国综合减灾示范社区标准〉的说明》,2013 年。

④ 参见国家减灾委办公室 2010 年 12 月汇编的《"全国综合减灾示范社区"创建优秀经验选编》。

⑤ 参见俸锡金等:《社区减灾政策分析》,北京:北京大学出版社 2014 年版,第 74 页。

公共安全建设以及推进国家治理体系和治理能力现代化的战略需求。

再次是关于社区减灾的概念。在本研究中,我们将继续沿用《社区减灾政策分析》中减灾和社区减灾的概念与内涵,也即"减灾是在灾害管理的各个阶段,采取一系列措施减轻灾害造成的人员伤亡、财产损失,以及灾害对社会和环境的影响";减灾是一个大减灾和综合减灾的概念,"四个统筹"(即统筹抗御各类灾害、统筹做好灾害发展各个阶段的工作、统筹整合各方面的资源、统筹运用各种减灾手段)是综合减灾的基本范式;社区减灾是政府和其他公共组织共同开展的一项公共管理活动,大减灾和综合减灾是社区减灾的题中应有之义,"四个统筹"是社区减灾遵循的基本原则。① 所不同的是,灾害的范围如前文所述有了进一步的拓展。

二、社区减灾模式的含义

按照《现代汉语词典》的解释,模式是指某种事物的标准形式或使人可以照着做的标准样式。② 这一定义,指出了模式的两个核心要素。其一是模式的规范性,也即模式是由一系列人们能够感知和认识的标准构成,并且,这些标准为人们提供了行为的规范;其二是模式的可借鉴性,也即这些标准样式可供人们在类似的环境中或条件下从事相同活动时学习和参考。

在这一定义之外,一些研究者从规律关系的角度来理解模式的内涵。中国人民大学秦宣教授认为,"模式"(Pattern)一词指涉的范围非常广泛,它标志了事物之间的规律关系,而这些事物并不必然是图像、图案,也可以是数字、抽象的关系甚至思维的方式。就社会发展这个意义而言,"模式"往往是指前人积累的经验的抽象和升华,简单地说,就是从不断重复出现的事件中发现和抽象出的规律,可以视之为解决问题的经验的总结。从一般意义上说,只要是一再重复出现的事物,就可能存在某种模式。而且,模式不是固定不变的,它既是实践经验的概括,又体现出未来发展应遵循的原则。③

---

① 参见俸锡金等:《社区减灾政策分析》,北京:北京大学出版社 2014 年版,第 4—5 页。
② 中国社会科学院语言研究所词典编辑室:《现代汉语词典》(第 6 版),北京:商务印书馆 2015 年版,第 913 页。
③ 参见秦宣:《"中国模式"之概念辨析》,载《前线》2010 年第 2 期,第 32 页。

这一概念及其内涵,至少指出了模式的三个关键要素,即经验总结、重复出现和不断发展。

与秦宣教授具有类似观点的辛向阳研究员认为,从马克思主义哲学的角度来看,"模式"还可以被定义为事物内在机理的展开,它以各种不同的方式系统地体现着事物的本质属性。综合来看,"模式"主要有三层含义和特征:一是内在性,即模式是一个事物内在本质的展现;二是外在性,即模式有许多外在的表现形式;三是可借鉴性,即模式可以供人们借鉴和学习。[①]

另外一位研究者郑永年则强调模式的稳定性和内在延续性。他认为,模式是一个客观存在,并不会十全十美,任何模式都包含正面与反面、成功与失败、积极和消极两个方面;模式研究强调的是宏观的架构性的东西,所谓"万变不离其宗",强调的是模式的内在延续性和稳定性;要从主体架构来看模式,不能将一些零碎的政策性措施作为模式;模式是一个发展的过程,但无论模式怎样改变,它的主体和架构都是稳定的,除非架构倒塌,否则结构性的东西不会发生根本改变。[②]

还有一些研究者在具体的模式研究中,提到了模式的结构和层次。中国人民大学郑杭生教授在研究中国模式的时候就认为,"中国模式"并不是空洞的概括,而是实实在在的内容,有其自身的结构和层次。它是中国社会上下结合、共同探索、互动创新的结果,其中三个层次的相互推进十分明显:既有中央"自上而下"的推进,又有基层"自下而上"的推动,还有各个地方、各个部门连接上下的促进。这三个层次,通过理论创新、制度创新、价值重塑、共同创作、不断完善,融合成具有独特气派、独特风格,又具有某种普遍意义的"中国模式"或"中国经验"。连接"自上而下"或"自下而上"经验的,是各个"地方经验"。在三个层次中,中央经验是中国经验的核心、灵魂和指导。地方经验、基层经验的重要性则在于它们共同构成了"中国模式"的一个个亮点、一个个支点,共同标志着中国特色社会主义这种新型社会主义历程的一个个轨迹点、成长点。[③] 另外一些研究者则在探讨中国模式时讨论了

---

① 李建国:《中国模式之争》,北京:中国社会科学出版社 2013 年版,第 004 页。
② 参见郑永年:《中国模式研究应去政治化》,载《人民论坛》2010 年第 24 期,第 53 页。
③ 参见郑杭生:《"中国模式"是一个新故事》,载《人民论坛》2010 年第 31 期,第 65 页。

模式的构成。北京大学潘维教授认为,中国模式由"社稷"社会模式、"民本"政治模式和"国民"经济模式三个子模式构成。判断这三个子模式的关系,把三个子模式整合在一起,就是"中国模式"。[①] 秦宣教授则认为,"道路""理论""体制"共同构成了"中国模式"。[②]

综合以上对模式的不同理解,至少可以在以下五个方面有助于我们理解和界定社区减灾模式的定义:第一,模式是由一系列标准构成的示范体系,它能够为人们从事相同或类似的活动提供行为的引导和规范;第二,模式是对过去实践经验的提炼和总结,它能够为人们从事相同或类似的活动提供参考和借鉴;第三,模式是由不同的层次和内容构成的系统[③],它具有自身的结构性和层次性;第四,模式不会一成不变,它总是在各种内外因素所形成的合力推动下发展变化;第五,模式的发展通常是一种渐进的过程,它具有内在的延续性和稳定性。

基于这样的认识和前面对社区、灾害与社区减灾等基本概念及其内涵的理解,在这里,我们可以将社区减灾模式定义为"社区减灾的标准形式或开展社区减灾可参照的标准样式"。对于这一概念,我们需要强调以下几点:

(1)社区减灾模式是对一定区域或领域内社区减灾经验的总结和提炼,反映了一定区域或领域内社区减灾的共有特征。比如,中国的社区减灾模式反映的是全中国范围内社区减灾的共有特征,某省的社区减灾模式反映的是某省范围内社区减灾的共有特性;农村的社区减灾模式反映的是农村领域内社区减灾的共有特性,城市的社区减灾模式反映的是城市领域内社区减灾的共有特性,等等。

(2)社区减灾模式主要由其自身的外在表现形式(如"全国综合减灾示范社区"标准)和支持其运行的各种政策或工作机制共同构成。

(3)社区减灾模式提供了一系列行为规范。通过这些行为规范,人们能

---

① 参见潘维:《中国模式,人民共和国 60 年的成果》,载《绿叶》2009 年第 4 期,第 13 页。

② 秦宣:《"中国模式"之概念辨析》,载《前线》2010 年第 2 期,第 30 页。

③ 系统是相互联系的要素的复杂组合。参见〔美〕R.M. 克朗:《系统分析和政策科学》,陈东威译,北京:商务印书馆 1985 年版,第 17 页。

够清楚地知道社区减灾相关主体的职责和任务(谁来开展社区减灾)、社区减灾的基本内容(从哪些方面来开展社区减灾)以及社区减灾的标准是什么(达到什么要求)。

(4)社区减灾模式具有很强的参考和借鉴意义,但并不意味着它能够被完完全全地复制使用。只有模式运行的环境完全相同,社区减灾模式才具有完整意义上的可复制性特征。

(5)社区减灾模式作为一个规范体系,具有系统的基本特性。[①]

三、中国社区减灾模式的界定

在厘清社区减灾模式含义的基础上,我们很有必要来讨论一下究竟哪一种模式可以作为中国的社区减灾模式。按照前文对社区减灾模式的理解,作为一个能称之为国家层面的社区减灾模式,它至少需要满足以下两个条件。首先,它必须反映一个国家范围内社区综合减灾的共有特征;其次,它必须在全国范围内得到较为广泛的推广和应用。按照这样的两个条件,我们完全可以将全国综合减灾示范社区创建模式也即我们在本书中所称的"社区综合减灾示范模式"[②]作为中国的社区减灾模式。这可以从以下两个方面加以说明:

第一,社区综合减灾示范模式是由国家减灾机构以公共政策的方式,在全国范围内倡导和实施的社区减灾模式,具有十分明显的政策性特征。也就是说,社区综合减灾示范模式是由中央政府自上而下推行的一种社区减灾模式,它的基本架构和主体特征在推行过程中不会发生根本性改变。所以,社区综合减灾示范模式能够反映全国社区综合减灾的共有特征。

第二,社区综合减灾示范模式在全国范围内得到了较为广泛的推广和应用。首先,综合减灾示范社区创建纳入了国家的防灾减灾规划。2007 年国务院办公厅颁布的《国家综合减灾"十一五"规划》,将创建 1 000 个综合减

---

① 即集合性、相关性、目的性、动态性、层次性、适应性六个基本特性。参见张金马:《政策科学导论》,北京:中国人民大学出版社 1992 年版,第 439 页。

② 也有研究者将全国综合减灾示范社区创建模式称为"综合减灾示范社区模式",参见周洪建等:《社区灾害风险管理模式的对比研究》,载《灾害学》2013 年第 2 期,第 120 页。

灾示范社区作为规划的六大目标之一①；2011 年国务院办公厅颁布的《国家综合防灾减灾规划（2011—2015 年）》，将创建 5 000 个"全国综合减灾示范社区"作为规划的八大目标之一②；2016 年国务院办公厅颁布的《国家综合防灾减灾规划（2016—2020 年）》，再次将创建 5 000 个"全国综合减灾示范社区"作为规划的九大目标之一③。其次，为推动社区综合减灾示范模式的建立和发展，国家和地方减灾机构出台了一系列相关政策措施和创建标准④，为社区综合减灾示范模式的建立和发展提供了政策和制度保障。再次，自 2007 年以来，政府部门、国际机构、社会组织和研究机构开展了一系列以社区综合减灾为主要内容，以经验总结交流会、政策理论研讨会、项目实施和理论研究为主要方式的推进活动⑤，为社区综合减灾示范模式的深入发展提供了强大的动力。最后，全国综合减灾示范社区的数量得到了较快的增长（见图 1.1）。截止到 2016 年 12 月，我国共创建全国综合减灾示范社区 9 568 个，其中城市社区 6 190 个，农村社区 3 378 个。⑥ 与此同时，各省级减灾救灾部门在积极参加全国综合减灾示范社区创建活动的同时，也积极开展省级综合减灾示范社区的创建工作。可见，经过将近十年的发展，在政府与社会、中央与地方等各方力量的共同推动下，以社区综合减灾示范模式为主体特征的社区减灾模式在全国范围内得到了较为广泛的推广和应用。

四、社区减灾模式的分类

从前面文献综述部分提到的不同类型的社区减灾模式我们可以看到，按照不同的标准，社区减灾模式可以划分为不同的类型。以国别为划分标准，可以划分为不同国家的社区减灾模式；以社会参与主体为划分标准，可

---

①　参见《国务院办公厅关于印发国家综合减灾"十一五"规划的通知》（国办发〔2007〕55 号）。

②　参见《国务院办公厅关于印发国家综合防灾减灾规划（2011—2015 年）的通知》（国办发〔2011〕55 号）。

③　参见《国务院办公厅关于印发国家综合防灾减灾规划（2016—2020 年）的通知》（国办发〔2016〕104 号）。

④　相关的政策措施参见本书第四章《社区减灾模式的运行机制》。

⑤　这些活动可参见本书第二章《社区减灾模式的历史演变》相关内容。

⑥　本数据由笔者对民政部救灾司减灾处提供的 2008—2016 年各年度"全国综合减灾示范社区"名单统计得出。

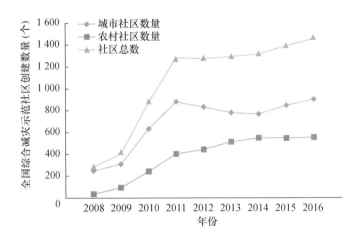

图 1.1　历年全国综合减灾示范社区创建数量分布图

以划分为政府直管、单位主导和社区主导等社区减灾模式;以地域为划分标准,可以划分为宣汉模式、青岛模式、宁波模式等;以社区减灾的特征为划分标准,可以划分为安全社区减灾模式、防灾型社区减灾模式、灾害风险管理型社区减灾模式等。在这里,我们根据我国社区综合减灾模式发展的实际情形和本书研究中国社区减灾模式的现实需要,以城乡社区为划分标准,将社区减灾模式划分为城市社区减灾模式和农村社区减灾模式两大类别。在这两大类别之下,再根据具体社区综合减灾的主要特征划分为不同的模式类型(见图 1.2)。

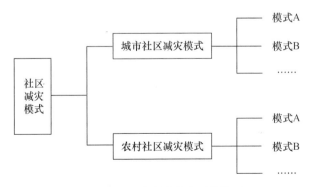

图 1.2　社区减灾模式类型结构图

按照社区减灾模式的定义,城市或农村社区减灾模式也就是"城市或农村社区减灾的标准形式或开展城市或农村社区减灾可参照的标准样式"。相应地,第三层级的子模式也可以按照这样的定义方法来进行概念界定。但无论是哪一个层级的模式,它们都具有社区减灾模式的基本内涵和主要特征。

之所以做出这样一种划分,主要是基于以下四个方面的考虑。首先,对社区综合减灾示范模式具有重要影响的政策即《关于加强城乡社区综合减灾工作的指导意见》[①],在文件标题就开宗明义地提出了"城乡社区"的这一分类。其次,我国国家层面提出的社区减灾模式即社区综合减灾示范模式,在经历了 2007—2012 年城乡同一标准的运行之后,于 2013 年修订的版本中开始考虑农村社区与城市社区的差异性。比如,在"(二)灾害风险评估"中,增加了"城市社区应具有空巢老人等脆弱人群清单,农村社区应具有空巢老人、留守儿童等脆弱人群清单,明确脆弱人群对口帮扶救助措施";在"(三)应急预案"中,增加了"城市社区演练每年不少于两次,农村社区演练每年不少于一次";在"(四)宣传教育培训"中,增加了"城市社区居民参训率不低于 90％,农村社区居民参训率不低于 80％";在"(五)减灾设施和装备"中,增加了"农村社区可因地制宜设置避难场所"。[②] 随着国家层面这一模式的不断发展,作为子模式的城市和农村社区减灾模式也将越来越凸显出各自的独有特征。再次,城乡二元结构这一特定国情,以及"高风险的城市"和"不设防的农村"这一特定现实,也决定了我国社区减灾模式按照城市和农村两大领域分类推行的必要性与可行性。最后,这样一种分类既考虑了我国社区综合减灾示范模式的政策共性,又兼顾了不同社区减灾的差异个性。[③]

---

① 即国家减灾委 2011 年 6 月 15 日发布的《关于加强城乡社区综合减灾工作的指导意见》(国减发〔2011〕3 号)。

② 参见民政部救灾司减灾处提供的《关于修订〈全国综合减灾示范社区标准〉的说明》,2013年。

③ 读者可参阅本书第三章关于社区减灾模式的主要特征部分。

第三节　社区减灾模式分析的内容与方法

社区减灾模式分析是对社区减灾标准形式或可参照的标准样式的研究。究竟从哪些方面和用哪些方法对其进行分析，也就是我们通常讨论的"分析什么"和"如何分析"两个问题。在这一节，我们将结合中国社区减灾模式即社区综合减灾示范模式，来讨论社区减灾模式分析的内容和方法。

一、社区减灾模式分析的内容

"任何一种发展模式，都是同特定的历史条件相联系的"①。作为环境系统的一个子系统，社区减灾模式同样也是在一定的环境条件孕育下产生，并随着环境的变化向前发展。在自身的建立和发展过程中，由于环境使然，社区减灾模式必然会形成自身的独有特征和相应的运行机制。所以，当我们要分析一种社区减灾模式的时候，模式的历史演变、模式的内容特征、模式的运行机制和模式的未来发展都将构成对社区减灾模式自身分析的重要内容。而要更好地认识和理解一个完整的社区减灾模式，我们还需要对体现模式内涵和特征的具体案例进行分析。因为，"个案研究，……能为我们提供有关政治过程（某一局面）的全貌"②。然而，不管是对模式自身的分析还是对模式的案例分析，都需要从理论上阐述模式的基本概念以及模式分析的内容与方法。所以，对社区减灾模式的分析，我们可以从模式的理论分析、模式的自身分析和模式的案例分析三个方面进行。质言之，社区减灾模式分析的框架主要由模式的理论分析、模式的自身分析和模式的案例分析三部分构成。基于这样的认识，社区减灾模式分析的内容主要包括社区减灾模式的基本含义和内容方法、社区减灾模式的历史演变、社区减灾模式的内容特征、社区减灾模式的运行机制、社区减灾模式的未来发展以及社区减灾模式的具体案例六个方面（见图 1.3）。按照这样的分析框架，在本研究中，我们紧紧围绕"中国社区减灾模式是什么"和"中国社区减灾模式如何运

① 徐贵相：《中国发展模式研究》，北京：人民出版社 2008 年版，第 19 页。
② 〔日〕大岳秀夫：《政策过程》，傅禄永译，北京：经济日报出版社 1992 年版，第 1 页。

行"两个核心问题,在对社区减灾模式进行理论分析的基础上,从历史演变、内容特征、运行机制、未来发展、具体案例五个方面对中国社区综合减灾示范模式进行描述和分析。

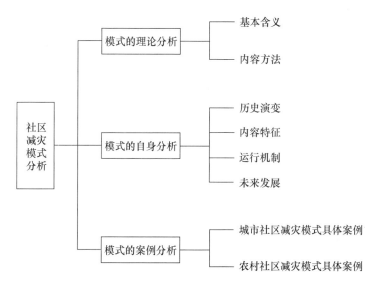

图 1.3　社区减灾模式分析的框架和内容

1. 社区减灾模式的历史演变

作为事物的一种发展方式,模式不会无缘无故地自行产生,也不会"自由自在"地随意发展。它总是在一定的历史条件下产生,并在外部环境系统所形成的合力推动下,按照一定的历史轨迹向前发展。作为一种特殊的发展模式,社区减灾模式的产生和发展也是如此。所以,对社区减灾模式历史演变的分析,主要是描述和分析社区减灾模式产生的背景环境和发展的历史阶段。

按照系统论的观点,所谓背景环境,也就是在社区减灾模式之外影响其产生和发展的一切事物。对背景环境的分析,主要是分析社区减灾模式究竟是在哪些主要环境因素的共同作用下产生。在本研究中,我们主要从灾情背景(我国自然灾害的影响)、国际背景(国际社会对社区减灾的推动)和国内背景(社区减灾模式形成的国内主要影响因素)三个方面对我国社区减灾模式产生的历史背景进行分析。①

　　社区减灾模式的历史阶段,则是以其在发展演变中的一些标志性事件为分水岭而划分的不同阶段。对社区减灾模式历史阶段的分析,主要是分析社区减灾模式在不同发展阶段得到了怎样的发展。在本研究中,我们主要以政策的调整和修订为划分依据,将社区减灾模式的发展历程划分为2007年9月—2010年12月、2011年1月—2013年12月、2014年1月至下次政策调整的当年底三个不同的发展阶段。② 在对每一个发展阶段的描述中,我们都会围绕"模式得到了怎样的发展""模式做了怎样的调整"和"模式为什么要调整"三个核心问题,通过比较分析的方法,对社区减灾模式发展中的重大事件和阶段特征进行描述和分析。

　　2. 社区减灾模式的内容特征

　　作为一项以公共政策方式推行的社区减灾模式,社区综合减灾示范模式的内容必然会通过政策文本的形式体现出来。所以,对社区减灾模式内容的分析,主要是分析构成模式标准的规范条文。在本书中,模式标准的规范条文主要是指2013年9月国家减灾委办公室颁布的《全国综合减灾示范社区标准》(国减办发〔2013〕2号)。通过对这一规范条文的分析,我们可以将社区综合减灾示范模式的内容归结为社区减灾的主体、社区减灾的内容、社区减灾的管理和社区减灾的标准四个方面。

　　而对社区减灾模式特征的分析,则是在借鉴研究者对中国社区综合减灾示范模式特征进行的总结和分析的基础上,基于我们对中国社区减灾示范模式的研究和理解,从政府主导性、减灾综合性、主体多元性和发展差异性四个方面,对其进行描述和分析。

　　3. 社区减灾模式的运行机制

　　对于一个在中国运行了将近十年的社区减灾模式而言,社区综合减灾

---

　　① 这三个背景并不是一个严格的划分。事实上,灾情背景也应归属于国内背景,但考虑到自然灾害这一背景的根本性和基础性,故将其单独列出。

　　② 比如,2010年和2013年对全国综合减灾示范社区创建标准进行了两次大的修订,我们便以修订的当年为界限。之所以不以修订标准出台的当月为界限,主要是考虑到修订当年年底进行了本年度全国综合减灾示范社区称号的授予。鉴于本书计划于2017年1月1日前完成,故在本书中第三阶段的时间截止到2016年12月31日。

示范模式必然会形成其自身的运行机制。从我国社区综合减灾示范模式运行的实践来看,其运行机制主要包括政策保障机制、综合协调机制、资金投入机制和主体参与机制。

政策保障机制是引导和保障模式发展所形成的各项政策制定机制,这一机制主要通过中央和地方层面的政策措施体现出来。综合协调机制主要包括创建协调机制和实施协调机制,前者是指为推动社区综合减灾示范模式创建,在政府层面构建的工作机制;后者是指为确保社区综合减灾工作顺利实施,在社区层面建立的工作机制。资金投入机制是指在我国综合减灾示范社区创建的实践中,由财政经费投入、福利彩票公益金投入、社会捐助资金投入为主要内容所构成的机制。主体参与机制是指社区减灾主体如何参与社区减灾活动的机制,主要包括确定主体职责、建立合作模式和购买社会服务三个方面的内容。

4. 社区减灾模式的未来发展

作为环境的一个子系统,社区减灾模式总是随着环境的变化而向前发展。自 2013 年标准修订之后,社区综合减灾示范模式究竟会怎样发展是值得思考和探索的问题。在本研究中,我们试图从三个方面对社区综合减灾示范模式的未来发展进行学理分析和学术探讨。一是对社区综合减灾示范模式发展的影响进行分析。模式的发展过程也是模式对周边环境产生影响的过程。在过去将近十年的发展中,社区综合减灾示范模式对中国的减灾产生了不同程度的影响,这些影响主要体现在模式对减灾工作、减灾制度、减灾观念和理论研究的影响四个方面。并且,这些影响还将在模式的未来发展中持续下去。二是对社区综合减灾示范模式发展的困境进行分析。按照系统的理论,所有影响和制约模式发展的因素都会构成模式发展的现实困境。在所有这些因素中,最为关键的两个因素是推动模式发展的主体和保障模式有效运行的资金。所以,在这一部分,我们主要从主体结构和资金结构两个视角,对影响和制约模式发展的现实困境进行分析。三是对社区综合减灾示范模式发展的方向进行分析。从我国社区综合减灾示范模式发展的实践来看,对于一个以公共政策方式推行的社区减灾模式而言,由倡导性政策属性转变为强制性政策属性是当前和今后相当一段时期社区综合减灾示范模式发展的主要方向。

而在这一转型与发展的过程之中,减灾制度的变迁和减灾意识的变化这两个关键性影响因素起着十分重要的作用。在这一部分,我们首先回顾了理论研究者和实践工作者对社区综合减灾示范模式发展方向的探索。在此基础上,我们提出了社区综合减灾示范模式未来发展的主要方向,并对影响这一方向的两个关键性因素进行了分析。

5. 社区减灾模式的具体案例

具体案例有助于我们更加直观地认识和了解模式。社区综合减灾示范模式的具体案例也一样。一方面,社区综合减灾示范模式是总结、提炼和概括具体社区综合减灾实践成功经验的结果,体现了社区综合减灾的共有特性;另一方面,社区综合减灾示范模式一经形成并推行,具体社区的综合减灾实践也必然会体现它的主要内容、基本原则和运行机制。换句话说,从一个个具体的案例,我们能够形象地看到它们所体现出来的社区综合减灾示范模式的内涵、特征和运行机制。

自 2007 年以来,在"全国综合减灾示范社区标准"的引导之下,社区在保持综合减灾示范模式基本架构不变的前提下,结合自身的实际形成了各具特色的模式个案。这些个案较好地体现了社区综合减灾示范模式的各个方面。在这一部分,我们选取四川省成都市锦江区水井坊社区和浙江省宁波市北仑区大碶街道九峰山社区为研究对象,对它们综合减灾的实践进行了调查、分析和整理,形成了可供参考和借鉴的社区综合减灾示范模式的具体案例。

二、社区减灾模式分析的主要方法

分析方法是我们分析模式的重要手段。然而,如何来分析社区减灾模式并没有一套统一的方法。究竟选择哪些方法进行分析在很大程度上取决于研究者的实际需要。在本研究中,我们主要采取了文献分析法、理论分析法、案例分析法和对比分析法这四种分析方法。

1. 文献分析法

文献分析法是本书最基础的分析方法。它是指通过对文献进行查阅、分析、整理，从而找出事物本质属性的一种研究方法。在本书中，我们主要从两个方面的文献资料进行分析。一个是有关社区减灾和模式分析等方面的研究成果，主要体现为学术论文和学术著作；另一个是减灾救灾部门在长期的社区减灾工作实践中所形成的各种文献资料，主要体现为政策文件、工作总结和研究报告等。正是在对这些文献资料认真研读的基础上，我们找到了研究和分析社区减灾模式的立足点和突破口。

2. 理论分析法

理论分析法是本书重要的分析方法。按照一些研究者的定义，理论分析法是依据一定的理论原理研究和分析研究过程，从而形成判断和行动方案的方法。[①] 在本书中，我们在借鉴国内外学者关于社区减灾和模式分析的理论的基础上，按照系统分析的方法和公共政策分析的理论，提出了社区减灾模式的基本概念、社区减灾模式分析的基本框架和主要内容，以及社区减灾模式分析的主要方法。按照这样的研究框架和分析方法，本书从历史演变、内容特征、运行机制、未来发展和具体案例五个方面对社区综合减灾示范模式进行了较为系统的描述和分析。

3. 案例分析法

案例分析法是贯穿本书始终的分析方法。所谓案例分析法，也就是我们通常所说的个案分析法，它是通过对具体个案进行剖析来直观认识和全面了解事物规律的一种方法，它可以使我们增进对个人、组织、机构、社会、政治及其他相关领域的了解。[②] 在本书中，我们始终以中国社区减灾模式即社区综合减灾示范模式为分析对象，从前文提到的五个方面进行研究和分析。在体现中国社区减灾模式子模式的一些具体案例的选择上，我们也始终按照典型性和示范性的原则，从全国综合减灾示范社区中进行案例样本的选择。通过这样的一种选择和分析，本书力图用最典型的案例来对社区综合减灾示范模式进行说明以及对理论假设进行验证。

---

① 秦玉琴等：《新世纪领导干部百科全书（第3卷）》，北京：中国言实出版社1999年版，第1579页。

② 参见〔美〕罗伯特·K.殷（Robert K. Yin）：《案例研究：设计与方法》（中文第2版），周海涛、李永贤等译，重庆：重庆大学出版社2010年版，第4页。

4. 比较分析法

比较分析法是本书的基本分析方法。所谓比较分析方法,是指将客观事物进行比较,以达到认识事物的本质和规律并做出正确评价的方法。比较分析法可以用于对同一事物在不同发展阶段或不同事物在同一时期的差异进行比较。从认识论的角度来说,对同一模式在不同阶段进行对比分析,可以让我们对社区减灾模式的发展脉络有更为全面的认识和更加深入的了解。在本书中,我们主要从历史发展的视角对社区减灾模式的发展阶段进行对比分析。通过这样的对比分析,本书力图更加清晰地描述和分析社区综合减灾示范模式的发展演变规律。此外,在本书中,我们还对中央和地方、地方和地方之间的一些社区减灾政策进行了对比分析。

第二章
社区减灾模式的历史演变

在一定意义上说,背景是由各种相关事件构成的特定情形。并且,相关事件之间具有一定的内在逻辑性。按照这样的一种逻辑维,自然灾害及其影响的存在必然导致人们去思考和探索包括社区减灾在内的各种应对措施,而如何开展社区减灾也绕不开对社区减灾模式的选择。

可以说,没有自然灾害及其影响的存在,也就无所谓社区减灾,更不可能有社区综合减灾示范模式的存在。所以,灾情背景是我们了解社区综合减灾示范模式形成的客观基础。

在对社区减灾模式的三个发展阶段的描述中,我们始终围绕"模式得到了怎样的发展""模式做了怎样的调整"和"模式为什么要调整"三个核心问题,通过比较分析的方法,对社区减灾模式发展中的重大事件和阶段特征进行描述和分析。

正如我们在前章所言,作为环境大系统的一个子系统,社区减灾模式总是在一定的环境背景下产生,并随着环境的变化而不断调整。自2007年我国正式推动全国综合减灾示范社区创建工作以来,社区综合减灾示范模式经历了三个不同的发展阶段和两次较大的内容调整。在这一章,我们从社区综合减灾示范模式的形成背景和发展阶段两个方面,对其历史演变进行描述和分析。

第一节　社区减灾模式的形成背景

背景是对人物、事件起作用的历史条件或现实环境[①],它可以让人们对事物或事件的了解更为全面和更加透彻[②]。在一定意义上说,背景是由各种相关事件构成的特定情形。并且,相关事件之间具有一定的内在逻辑性。按照这样的一种逻辑维,自然灾害及其影响的存在必然导致人们去思考和探索包括社区减灾在内的各种应对措施,而如何开展社区减灾也绕不开对社区减灾模式的选择。作为一种特殊的社区减灾模式,社区综合减灾示范模式的形成同样遵循这样一种事物演变的逻辑。所以,在这里我们从灾情背景(中国自然灾害的严重性)、国际背景(国际社会对我国社区减灾的推动)和国内背景(社区减灾模式形成的国内影响因素)三个方面,来分析我国社区综合减灾示范模式形成的主要背景。

一、灾情背景

从根本上说,自然灾害及其影响是社区综合减灾示范模式最为重要的形成背景。因为,没有自然灾害及其影响的存在,也就无所谓社区减灾,更不可能有社区综合减灾示范模式的存在。所以,灾情背景是我们了解社区综合减灾示范模式形成的客观基础。

众所周知,中国是世界上遭受自然灾害影响最为严重的国家之一,灾害种类多,分布地域广,发生频率高,造成损失重。[③] 全国每年因各种突发性自然灾害造成的直接经济损失,20世纪50年代、60年代、70年代、80年代、90年代分别为362亿元、458亿元、423亿元、555亿元、1 120亿元(按1990年

---

① 辞海编辑委员会:《辞海》(第六版彩图本),上海:上海辞书出版社2009年版,第0129页。
② 俸锡金等:《地市一级的巨灾应对——四川省绵阳市应对汶川特大地震案例研究》,北京:北京大学出版社2016年版,第11页。
③ 中华人民共和国国务院新闻办公室:《中国的减灾行动》,北京:外文出版社2009年版,第3—4页。

可比价格计算)。①

从 1990—2006 年这一时期来看,随着全球气候的变化,我国进入灾害多发时期,洪涝、干旱、台风、地震、风雹、雪灾、病虫害以及滑坡、泥石流等灾害发生频繁,重大灾害事件不断出现,加之我国灾害高风险区人口和财富不断迁移和集聚,资源、环境和生态压力加剧,自然灾害发生频率和造成的损失呈明显上升趋势(详见表 2.1 和图 2.1)。1990—2006 年这 17 年间,全国因灾紧急转移安置人口累计达 14 464 万人(次),年均紧急转移安置人口 851万人(次)(详见图 2.2),因灾倒塌房屋 334 万间,农作物受灾面积 48 178 千公顷,直接经济损失超过 1 800 亿元。其中,典型的自然灾害有 1991 年江淮大水,1998 年长江、松花江、嫩江流域特大洪涝,2003 年新疆巴楚—伽师地震,2004 年"云娜"台风,2006 年"碧利斯""桑美"台风灾害,2006 年川渝地区特大旱灾等。②

表 2.1　我国 1990—2006 年自然灾害损失情况统计表

年　份	灾害损失 (亿元)	国内生产总值 (亿元)	全国财政收入 (亿元)	灾害损失占财政 收入百分比(%)
1990	616	18 547.9	2 937.10	21.0
1991	1 216	21 617.8	3 149.48	38.6
1992	854	26 638.1	3 483.37	24.5
1993	993	34 634.4	4 348.95	22.8
1994	1 876	46 759.4	5 218.10	36.0
1995	1 863	58 478.1	6 242.20	29.8
1996	2 882	67 884.6	7 407.99	38.9
1997	1 975	74 462.6	8 651.14	22.8
1998	3 007	78 345.2	9 875.95	30.4
1999	1 962	82 067.5	11 444.08	17.1
2000	2 045	89 468.1	13 395.23	15.3

---

①　高庆华等:《中国减灾需求与综合减灾——〈国家综合减灾十一五规划〉相关重大问题研究》,北京:气象出版社 2007 年版,第 2 页。

②　参见国家救灾管理体制研究课题组:《我国救灾管理体制的历史变革与发展趋势》(内部资料),2007 年 6 月。

（续表）

年　份	灾害损失（亿元）	国内生产总值（亿元）	全国财政收入（亿元）	灾害损失占财政收入百分比（%）
2001	1 942	97 314.8	16 386.04	11.9
2002	1 637	105 172.3	18 903.64	8.7
2003	1 884	117 251.9	21 715.25	8.7
2004	1 755	136 515.0	26 396.47	6.7
2005	2 042	182 321.0	31 627.98	6.5
2006	2 528	209 407.0	39 343.62	6.4

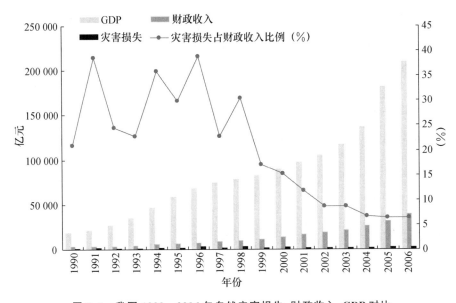

图 2.1　我国 1990—2006 年自然灾害损失、财政收入、GDP 对比

通过这一时期的灾情数据，我们不仅可以直观地看到中国自然灾害的严重性，更能够深刻地体会到采取包括社区减灾在内的各种应对措施的必要性。正是从这个意义上说，我国灾情严重的历史和现实构成了社区综合减灾示范模式形成的客观条件。

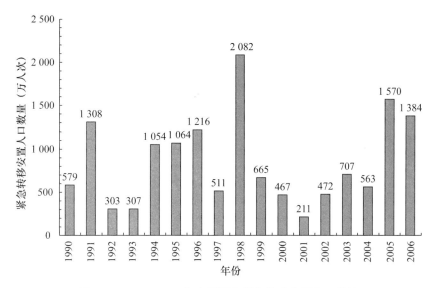

图 2.2　1990—2006 年全国因灾紧急转移安置人口统计

二、国际背景

正如我们通常所说,自然灾害是人类面临的共同挑战,减灾是全球的共同行动。在严峻的自然灾害形势面前,国际组织和世界各国都在积极探索各种应对行动,并寻求达成较为一致的减灾共识。在长期的灾害应对中,国际社会越来越意识到社区减灾在灾害应对中的重要作用,采用以社区为基础的减灾方法也逐步得到国际社会的认可。[①]

1987 年 12 月,联合国大会通过决议,将 1990—2000 年定为"国际减少自然灾害十年"(IDNDR),号召所有国家的政府要在"减灾十年"活动中积极参加国际上的一致行动以减轻自然灾害,要建立相应的国家委员会,并与有关的科学、技术组织进行合作,对减轻自然灾害的机制和设施进行调研,对其本国或本地区的特殊需求进行估测,以便丰富、改进和更新其现有的机制和设施,并据此提出为实现预定目标所需要的方针。1994 年,第一次世界减

---

① Bajet R., Matsuda Y., Okada N., "Japan's Jishu-bosai-soshiki community activities: analysis of its role in participatory community disaster risk management", *Nat Hazards*, 2008(44): 281—292.

灾大会在日本横滨召开。大会通过的《为了一个更安全的世界——横滨战略和行动计划》,明确提出了地方社区参与预防灾害工作的原则,"如果从地方社区到中央政府、到区域和国际社会的各级机构都参与预防灾害工作,则预防措施就会十分有效";在后续行动计划中,也将社区提到了和国家、区域等一样重要的高度,"大会通过了将来的行动计划,主要由社区和国家、次区域和区域、国际社会通过双边和国际合作具体执行计划"。[①] 1999 年 7 月,国际减灾十年活动论坛在日内瓦召开,论坛通过的 21 世纪减灾战略——《使 21 世纪成为一个更安全的世界:减轻灾害和降低风险》将"创造抗灾社区"列为四项主要目标之一。在论坛基本结论的第三条"社区"中提出,"多数防灾和减灾行动需要社区的理解和参与,因此,必须以社区为单元进行确切的灾害风险评价及灾害损失和减灾效益分析。人们往往对社区的环境和处理机制了解得更清楚,从而能够采取更有效的减灾措施。社区的领导也能增强自身的独立性和自立能力。国家、区域和国际性的减灾行动是必要的,但应该看成是对社区减灾行动的支持性措施"[②]。2001 年的国际减灾日提出了"发展以社区为核心的减灾战略"的行动口号,其主导思想就是依靠社区组织,在政府和非政府组织的协助下,动员居民参与社区防灾减灾建设。2005年,联合国在日本兵库举行了第二届世界减灾大会,通过了《兵库宣言》和《2005—2015 年兵库行动纲领:加强国家和社区的抗灾能力》(以下简称《兵库行动纲领》)两项重要决议。其中,《兵库行动纲领》进一步强调了社区在全社会减灾降险中的重要性,指出尤其需要加强社区减轻灾害风险的能力建设。[③] 同年 9 月 27—29 日,在北京召开的首届亚洲部长级减灾大会通过的成果文件——《亚洲减少灾害风险北京行动计划》,提出了"社区灾后恢复能力建设是社区领导的一项重要职责,要在社区层面把减灾与气候变化相结合"等社区减灾的内容。[④]

① 中国国际减灾十年委员会办公室编:《中国国际减灾十年实录》,北京:当代中国出版社 2000 年版,第 32、61、63—64 页。

② 同上书,第 80、82 页。

③ UN/ISDR. *Hyogo Framework for Action 2005—2015:Building the Resilience of Nations and Communities to Disasters*,World Conference on Disaster Reduction,18—22 January 2005,Kobe,Hyogo,Japan:UNISDR,2008:1—25.

④ 国家减灾委员会办公室编:《亚洲减灾大会文件汇编》(内部资料),2005 年,第 3—14 页。

在这些重要的国际平台之外,其他国际组织也进行了社区减灾模式的探索。比如,作为灾害管理的主要方法,基于社区的灾害管理(CBDM)办法和 VCT 工具最早被红十字会和红新月会国际联合会及其会员组织所采纳。[①] 这一方法与红十字会和红新月会动员群众自愿参与和针对最弱势群体的根本原则相一致。从 1995 年起在亚太地区举行的一系列次区域研讨会,旨在推广 CBDM 方法并为该方法在国家层面得到实施提供一个框架。在此框架下(从 1996 年开始),菲律宾、孟加拉国、印度、柬埔寨和越南的红十字会和红新月会开展了 CBDM 试点项目。[②] 联合国区域发展研究中心则在亚洲开展了"可持续社区减灾试点活动"。该活动通过居民参与风险评估过程,来加强社区对脆弱性的认识,挖掘居民防灾应急的"土"办法和完善传统应对机制,确立开展持续性的参与机制和行动机制,建立有效的社区防灾应急管理数据库,普及和深化社区减灾过程中得到的成果。[③]

除了国际组织,一些国家也积极推动社区层面的减灾工作,形成了独特的社区减灾模式。比如,美国联邦紧急事务管理局(FEMA)设立了社区联系部门,并于 1997 年在全国范围内推广"防灾社区"(disaster prevention community)的概念。"防灾社区"是以社区为单位,地方政府、工商业界、民间团体、各服务行业与普通市民通力合作,在社区范围内共同做好各项防灾工作,减轻洪水、地震、飓风等灾害带来的生命财产损失,缩短灾后的恢复时间。同时,FEMA 制订了"影响方案"计划,以推进"防灾社区"建设。[④] 2001年"9·11"事件后,恐怖主义威胁上升,美国政府积极推进建立"防灾型社区"。美国国土安全部认为,"防灾型社区"是长期以社区为基础进行防灾减灾的单位,它能在灾害发生前做好预防灾害的步骤及方法,以降低社区受灾

---

① 基于社区的灾害管理(Community Based Disaster Management,CBDM);VCT 是指志愿咨询与检测服务(Voluntary Counselling and Testing,VCT),这是红十字会与红新月会国际联合会在基于社区的灾害管理中引入的一项服务。红十字会在社区灾害管理中不仅执行一些紧急救援的任务,还对社区疾病防控体系建设提供支持,VCT 就是当时在公共卫生方面针对 HIV/AIDS 的一项工具。VCT 工具不仅用于红十字会与红新月会国际联合会的工作中,也用于世界卫生组织等其他联合国机构的工作中,各机构还针对各国的不同情况制定不同的指南。

② 参见萨尼·拉莫斯·杰吉劳斯:《基于社区的灾害风险管理:国际经验》,载中华人民共和国民政部和联合国驻华机构灾害管理小组汇编:《社区减灾政策与实践》,2009 年 12 月,第 57—58 页。

③ 顾林生:《国外基层灾害应急管理的机制评析》,载《中国减灾》2007 年第 6 期,第 31 页。

④ 同上,第 33 页。

的可能性。FEMA 除了制订全国防灾计划,还制订了社区版的"可持续减灾计划"(Sustainable Hazards Mitigation Plan)。2002 年 9 月,FEMA 公布了其制定的《市民灾害准备指南》。该指南为家庭提供了如何针对各种灾害做准备的具体指导,颇具实践意义,在一定程度上已经成为美国政府对社区居民进行灾害教育的范本。[1] 另一个国家日本则着重加强建设抗御灾害能力强的社会和社区,提出"自己的生命自己保护""自己的城市和社区自己保护"的基本防灾理念,不断加强地区居民,特别是社区居民之间的连带感,促进行政、企业、地区、社区以及志愿者团体等的合作和支援,建立一个携手互助的社会体系[2],形成了自主防灾型社区减灾模式[3]。

国际社会在社区减灾方面达成的共识,国际组织和一些国家在社区减灾方面形成的模式和方法,不仅推动了我国的社区减灾工作,而且对我国社区综合减灾示范模式的形成也产生了十分重要的影响。

三、国内背景

国际社会的减灾共识和"国际减灾十年"活动推动了我国减灾工作的开展。1989 年 3 月 1 日,国务院批复同意成立中国国际减灾十年委员会,并要求各有关部门密切配合、搞好协作,重视科学技术的研究和应用,努力提高我国的防灾救灾能力,以减轻自然灾害带来的损失。这不仅体现了我国政府对减灾工作的重视,也意味着防灾减灾的理念在我国开始推行。此后,中国政府或中国国际减灾十年委员会通过了《中国 21 世纪议程——中国 21 世纪人口环境与发展白皮书》《中华人民共和国减灾规划(1998—2010 年)》《中华人民共和国减轻自然灾害报告》《中国国际减灾十年报告——行动与展望》等一系列重要的政策和报告,为中国的防灾减灾救灾提供了行动的指南。尽管这些重要文献中并没有明确提出"社区减灾"这一概念,但在农村

---

① 金磊:《中国安全社区建设模式与综合减灾规划研究》,载《城市规划》2006 年第 10 期,第76—77 页。

② 顾林生:《国外基层灾害应急管理的机制评析》,载《中国减灾》2007 年第 6 期,第 33 页。

③ 伍国春:《日本社区防灾减灾体制与应急能力建设模式》,载《城市减灾》2010 年第 2 期,第16—20 页。

减灾、城市减灾等相关部分涉及了社区减灾的重要内容。① 这在一定程度上推动了我国社区减灾工作的开展。

在推进中国减灾的过程中,最先提出"综合减灾示范区"概念并推行试点的是原国家科委、国家计委、国家经贸委共同成立的自然灾害综合研究组。他们认为,大量的事实表明:每个地区所遭受的灾害损失实际上是多种灾害的总和,因此减灾活动必须面对各种灾害,采取工程、技术、经济、行政、法律、教育、管理等多种措施进行综合减灾。这些目标的实现,需要全社会的协调行动,加强减灾综合管理,尤其是要充分发挥地方各级政府部门和社会团体的领导与协调作用,在促进社会发展的同时进行减灾。所有这些工作急需选择有条件的地区建立综合减灾示范区,以取得经验,推而广之。这既是国内的需要,也是国际的需要。为此,他们提出应选择众灾频发的社会经济发展的重点地区作为减灾试验区,以保证这些地区在经济发展的同时,摸索系统的减灾经验。在这其中,陕西省宝鸡市"全国发展与综合减灾示范区"是与综合减灾示范最直接相关的示范区。该试验区以提高全社会的减灾意识和能力进行全面减灾、促进社会全面发展为重点,提出了"建立宝鸡市减灾的综合管理系统、实施宝鸡减灾系统工程、将因灾死亡人数减少50%,直接经济损失减少30%"的总体目标和"完善以政府主导的综合减灾管理系统、探索最佳投资模式"等五项具体目标。② 这一综合减灾示范区的建立,不仅有助于掌握全国性的自然灾害规律,而且对西部地区的发展与减灾也起到典范和推动作用。不仅如此,建设综合减灾示范区试点的方法和经验,对综合减灾示范社区的创建也提供了积极的参考和借鉴。

2004年10月,民政部开始在全国开展"减灾进社区"活动,并在一些城市进行试点,"减灾进社区"活动也成为2005年民政减灾工作的重点。③ 为深入开展面向全社会的减灾宣传教育,进一步推进减灾工作,国家减灾委、民政部于2005年10月正式启动"社区减灾平安行"活动。该活动旨在通过

---

①　参见中国国际减灾十年委员会办公室编:《中国国际减灾十年实录》,北京:当代中国出版社2000年版,第104—149页。

②　参见国家科委国家计委国家经贸委自然灾害综合研究组、中国可持续发展研究会减灾专业委员会办公室编:《中国减灾社会化的探索与推动》,北京:海洋出版社1996年版,第168—169页。

③　高克宁:《创建完备的"社区减灾"模式》,载《中国减灾》2005年第4期,第15页。

在城市和农村社区、机关、企事业单位、学校开展一系列减灾活动,创建"减灾示范社区",来增强基层减灾能力。这一活动包括四个方面的主要内容:其一是利用广播、电视、报刊、网络等各种媒体,开展形式多样、内容丰富的宣传活动,树立公共安全意识和社会责任,增强公众的减灾意识。其二是普及减灾知识,提高公众的自救互救能力。通过各种媒体的专栏、专版、专题、专刊、公益广告以及编制科普读物、音像制品、宣传册、海报、展板,通过举办专题讲座、科普展览、知识竞赛等介绍和普及应急知识,让公众了解公共安全知识,掌握避险、自救、互救常识。其三是针对不同对象,有针对性地开展减灾教育培训。其四是制定救灾应急预案。每个社区(村)要了解本社区(村)所面临的风险,制定相应的救灾应急预案,同时举行救灾应急演练。① 这一活动的层层组织和开展,使应急减灾知识深入千家万户,使老百姓了解了更多减灾常识,一旦遇有灾害发生,不会慌乱无章,不会因无知造成不必要的损失。此外,这一活动也为我国完善城乡社区的减灾基础设施,全面开展城乡民居减灾安居工程建设,加强城乡社区居民家庭防灾减灾准备工作,建立应急状态下社区困难群体的保护机制,全面提高城乡社区综合防御灾害的能力打下良好的基础。② 可以说,由国家减灾委和民政部举行的这两次活动,不仅为减灾示范社区创建起到了积极的探路作用,也为社区综合减灾示范模式的推行积累了丰富的经验。

随着"减灾进社区""社区减灾平安行"等活动的开展,社区减灾的理念逐步深入人心,社区减灾也纳入了国家的重要政策。2005 年 5 月 14 日,国务院办公厅颁布实施《国家自然灾害救助应急预案》(国办函〔2005〕34 号),要求"开展社区减灾活动,利用各种媒体宣传灾害知识、宣传灾害应急法律法规和预防、避险、避灾、自救、互救、保险的常识,增强人民的防灾减灾意识"。2006 年 5 月,国务院出台《关于加强和改进社区服务工作的意见》(国发〔2006〕14 号),要求建立灾害事故的应急反应机制,不断提高社区应对突发事件的能力。2006 年 7 月,国务院颁发《关于全面加强应急管理工作的意见》(国发〔2006〕24 号),提出社区要针对群众生活中可能遇到的突发公共事

---

① http://news.xinhuanet.com/politics/2005-10/11/content_3606536.htm。

② http://news.sina.com.cn/c/2007-08-14/204613662615.shtml。

件,制定操作性强的应急预案,经常性地开展应急知识宣传,做到家喻户晓;乡村要结合社会主义新农村建设,因地制宜加强应急基础设施建设,努力提高群众自救、互救能力,并充分发挥城镇应急救援力量的辐射作用。2007 年8 月,中国政府颁布了《国家综合减灾"十一五"规划》,提出"创建 1 000 个综合减灾示范社区"的规划目标、"加强城乡社区减灾能力建设"的主要任务和"社区减灾能力建设示范工程"的重大项目。这一系列政策的制定与实施,为减灾示范社区创建政策的出台创造了良好的政策环境,进一步加快了社区综合减灾示范模式推行的步伐。

　　除了相关的社区减灾政策,以"四个统筹"为核心的综合减灾范式的提出和推行,对社区综合减灾示范模式的形成也产生了重要的影响。2006 年10 月 9 日,时任国家减灾委主任、国务院副总理回良玉在加强减灾能力建设座谈会上,提出了加强综合减灾能力建设的"四个统筹",对如何开展综合减灾工作进行了比较系统的阐述,标志着综合减灾范式的基本形成,并成为指导我国减灾工作的基本原则。作为一个以具体减灾政策来推行的社区综合减灾示范模式,它在形成的过程中也必然遵循减灾的这一基本原则。

　　此外,在社区综合减灾示范模式的形成过程中,安全社区在我国的创建实践也为减灾示范社区的创建产生了积极的示范作用。"安全社区"是世界卫生组织(WHO)1989 年提出的一个概念。它是指建立了跨部门合作的组织机构和程序,联络社区内相关单位和个人共同参与事故与伤害预防和安全促进工作,持续改进地实现安全目标的社区。[①] 它不仅仅以社区的安全状况为评判指标,而是指一个社区是否建立了一套完善的程序和框架,使之有能力去完成安全目标。[②] 它最显要的特征是:第一,一定要社区的居民积极参与;第二,安全社区围绕伤害预防,围绕社区的安全在做工作,这也是最重要的一点;第三,就是一定要持续改进,不能是今天做一件明天做一件,这还称不上是安全社区,而是需要大家几年或者几十年围绕这个安全目标一直

---

　　① 林静等:《安全社区 构建和谐社会的重要载体——访中国职业安全健康协会理事长张宝明》,载《劳动保护》2009 年第 9 期,第 10 页。

　　② 金磊:《社区安全减灾建设的理论与实践》,载《北京联合大学学报》,2003 年第 2 期,第 49页。

做下去。它的原则是人人都享受安全,人人都享受健康;它运行的方式是资源整合,全民参与;它的内容是涵盖诸多领域;它的模式是持续改进。按照世界卫生组织的标准,一个安全社区应包括 6 项标准:其一是必须成立一个负责预防事故与伤患发生的跨部门、跨领域的组织,以友好合作的方式履行区域内的社区安全推广事宜;其二是要有长期、持续、能覆盖不同年龄、性别、环境及条件的伤害预防计划与推广项目;其三是必须有针对高风险人士、高风险环境及弱势群体的安全与健康问题的特别方案;其四是必须建立事故与灾害发生频率和成因的制度及信息制度;其五是必须设立评价办法来评估项目推广的过程和成效;其六是积极参与本地区及国际安全社区网络的经验交流。此外,安全社区还设定了交通安全、工作场所安全、社会治安安全、公共场所安全、涉水安全、防火减灾与环境安全、学校安全、消防安全、老年人安全、儿童安全、家居安全、体育运动安全等 12 项具体指标。[①] 安全社区建设在我国经历了三个重要的阶段,其建设的理念是"安全、健康、和谐",方针是"安全第一、预防为主、综合治理",原则是立足于"安全服务和持续改进",体现了"三个加强"和"一个构建",即:加强安全生产的"双基"(基层、基础)工作,增强人们的安全意识和防范能力,减少事故和人员伤害;加强社区卫生和职业健康工作,提高社区居民的健康水平;加强安全文化和社区环境建设,改善居民生活质量和环境,形成浓厚的安全文化氛围;安全社区是构建社会主义和谐社会的一个重要载体。2002 年 3 月,原国家安全监督管理局在上海召开了"建设安全社区"研讨会,邀请世界卫生组织社区安全促进合作中心主席温斯朗、原国家安全监督管理局副局长闪淳昌出席会议,并确定由中国职业安全健康协会负责组织、指导全国安全社区的建设工作。[②] 2002 年 3 月,山东省济南市槐荫区青年公园街道办事处在我国率先按照世界卫生组织安全社区标准要求启动了安全社区建设工作[③];2006 年 3 月 1 日,槐荫区青年公园街道成为中国内地第一个国际安全社区;2007 年 9

---

① http://www.aqsc.cn/xwzt/103170/。

② 参见林静等:《安全社区 构建和谐社会的重要载体——访中国职业安全健康协会理事长张宝明》,载《劳动保护》2009 年第 9 期,第 10—11 页。

③ 金磊:《中国安全社区建设模式与综合减灾规划研究》,载《城市安全规划》2006 年第 10 期,第 76 页。

月 4 日,槐荫区青年公园街道成为首个全国安全社区,世界第 97 个安全社区,在我国安全社区的创建工作中,具有开创性意义。① 2006 年 2 月,国家安全生产监督管理总局发布了《安全社区建设基本要求》(AQ/T 9001-2006),提出了"创建机构与职责、信息交流和全员参与、事故与伤害风险辨识及其评价、事故与伤害预防目标及计划、安全促进项目、宣传教育与培训、应急预案和响应、监测与监督、事故与伤害记录、创建档案、预防与纠正措施、评审与持续改进"等安全社区的 12 项基本要素,规范了安全社区建设标准。同年,国务院办公厅印发的《安全生产"十一五"发展规划》和国家安全生产监督管理总局印发的《"十一五"安全文化建设纲要》,都提出了建设安全社区的任务和目标,明确到 2010 年年底全国创建 500 个安全社区。② 安全社区的理念、原则、标准和指标,安全社区在我国创建的成功经验和做法,为以社区为平台开展工作提供了典范,也为减灾示范社区标准的建立和创建活动的开展提供了重要的案例参考。

正是在严峻的自然灾害形势和国内外减灾环境的共同推动下,社区综合减灾示范模式成为中国社区减灾的模式选择。2007 年 9 月 18 日,民政部下发关于"减灾示范社区"标准的通知③,标志着社区综合减灾示范模式在我国正式推行。

第二节　社区减灾模式的发展阶段

按照本书第一章提出的划分标准,我们可以将社区综合减灾示范模式的发展历程大致划分为三个阶段。第一阶段从 2007 年 9 月到 2010 年 12 月,第二阶段从 2011 年 1 月到 2013 年 12 月,第三阶段从 2014 年 1 月至 2016 年 12 月。在这一节,我们将围绕社区综合减灾示范模式得到了怎样的发展、进行了怎样的调整和为何进行这样的调整三个核心问题,对其发展的

---

① http://www.aqsc.cn/xwzt/103170/。

② 林静等:《安全社区 构建和谐社会的重要载体——访中国职业安全健康协会理事长张宝明》,载《劳动保护》2009 年第 9 期,第 10—11 页。

③ 即《民政部关于印发"减灾示范社区"标准的通知》(民函〔2007〕270 号)。

三个阶段进行描述和分析。

一、发展的第一阶段

在这一阶段,社区综合减灾示范模式得到了较快的发展。民政部先后于 2008 年 2 月、2008 年 12 月、2009 年 11 月和 2010 年 11 月四次共命名了 1 562 个"全国综合减灾示范社区",其中城市社区 1 190 个,农村社区 372 个;全国 31 个省(自治区、直辖市)、新疆生产建设兵团和 5 个计划单列市都有社区获得"全国综合减灾示范社区"的称号,11 个省份的创建个数超过 50 个;在区域分布上,东部地区的数量高于中部和西部地区,西部地区的数量高于中部地区(见表 2.2)。

表 2.2 2008—2010 年"全国综合减灾示范社区"区域和城乡分布统计表

东部地区				中部地区				西部地区			
省份	城市社区	农村社区	合计	省份	城市社区	农村社区	合计	省份	城市社区	农村社区	合计
北京	82	10	92	山西	25	0	25	内蒙古	14	4	18
天津	34	1	35	吉林	33	0	33	广西	19	8	27
河北	49	3	52	黑龙江	48	13	61	重庆	14	16	30
辽宁	54	2	56	安徽	41	12	53	四川	42	36	78
上海	40	9	49	江西	23	13	36	贵州	21	15	36
江苏	46	15	61	河南	23	2	25	云南	16	25	41
浙江	49	16	65	湖北	80	30	110	西藏	1	3	4
福建	16	8	24	湖南	26	17	43	陕西	28	13	41
山东	44	5	49					甘肃	46	13	59
广东	85	41	126					青海	10	14	24
海南	4	9	13					宁夏	22	9	31
大连	12	0	12					新疆	14	6	20
宁波	30	2	32					兵团	37	0	37
青岛	17	0	17								
厦门	14	2	16								
深圳	31	0	31								
合计	607	123	730	0	299	87	386	0	284	162	446

说明:1. 表中的中、东、西部地区参照国家发展改革委划分方案;2. 本表根据民政部救灾司减灾处提供的 2008—2010 年各年度"全国综合减灾示范社区"名单进行统计得到的数据制作,大连、宁波等计划单列市和新疆生产建设兵团(简称"兵团")作为省级单位统计。

从这一阶段社区综合减灾示范模式发展的实践来看，模式的发展得到了政府和社会的大力推动，三起重特大自然灾害的发生也在客观上推动了模式的发展。在这一阶段，社区综合减灾示范模式进行了第一次较大的调整。

1. 对模式发展的推动

对于社区综合减灾模式的主要推动者——国家减灾委和民政部来说，如何推动模式尽快在全国实施成为这一阶段的重要工作。从全国综合减灾示范社区创建的历程来看，国家减灾委、民政部主要通过召开会议总结经验、出台相关政策措施等方式来推动社区综合减灾示范模式的发展。2008年4月，民政部专门召开了部分省市社区综合减灾工作座谈会，交流了综合减灾示范社区创建经验，并为部分综合减灾示范社区授牌。2009年2月，全国减灾救灾工作会议在浙江省宁波市召开，再次对全国开展示范社区创建工作进行了部署。会议要求大力推进城乡社区综合减灾工作，包括制定完善城乡灾害应急预案，加强志愿者队伍建设，加强避灾场所建设，认真做好减灾宣传工作等。会议期间，与会代表还现场观摩了宁波综合减灾示范社区。2009年5月由中国政府发布的《中国的减灾行动》白皮书，明确把"加强社区减灾能力建设"作为我国减灾的九大中长期任务之一，并把"提升城乡基层社区的综合减灾能力"作为我国未来减灾工作的重点。2010年5月12日，国家减灾委办公室把"减灾从社区做起"确定为全国防灾减灾日主题，要求以社区为平台开展防灾减灾工作。

在国家减灾委和民政部的大力推动下，地方在加强社区综合减灾能力建设的过程中不断探索创新，积累了很多切合实际的经验和做法。比如，北京市提出了进一步细化社区防灾减灾的工作标准，规定每个街道应建一处防灾减灾培训基地，每个社区都配备诸如防毒面具、逃生绳等必要的救援避险物资和装备；上海市在社区减灾工作中着力推动"三个转变"，即从灾后救助向灾前预防转变，从单一灾种向综合减灾转变，从减轻灾害损失向减轻灾害风险转变，形成了以"全过程减灾管理、全灾害危机管理、全社会参与管理"为特征的城市社区综合减灾模式；浙江省从意识、预案、载体和能力四个方面，探索建立了独具特色的农村社区减灾模式；湖南省临澧县结合县域特点探索了吸收各方力量参与的社区综合减灾模式。[①]

在这一时期,第二届至第四届亚洲部长级减灾大会相继召开,提出了与社区减灾相关的新理念和新要求;国际组织和国内一些社会组织通过项目资助或共同开展社区减灾项目等方式围绕社区减灾开展了一系列活动,从另一方面推动了社区综合减灾示范模式的深入发展。

2007 年 11 月 7—8 日,以"减轻灾害风险与发展"为主题的第二届亚洲部长级减灾大会在印度新德里召开,会议通过了《亚洲减轻灾害风险德里宣言》,提出了"加强以社区为基础的备灾、减灾和应急,调拨资源用于重大灾害发生后的早期恢复重建规划以加强受灾社区的恢复力"等社区减灾的内容。2008 年 12 月 2—4 日,第三届亚洲部长级减灾大会在马来西亚吉隆坡召开,会议的主题即"减灾多方合作:从国家到社区",与社区减灾密切相关。会议通过了《亚洲减轻灾害风险吉隆坡宣言》,提出了"支持从国家到地方及社区层面的早期预警、多灾种风险评估,支持政府和社区组织实施减灾规划,加强与地方政府和社区等多攸关方的合作"等社区减灾的内容。[②] 2010 年 10 月 25—28 日,以"通过适应气候变化减轻灾害风险"为主题的第四次亚洲部长级减灾大会在韩国仁川召开。会议围绕提高减灾和适应气候变化意识和能力建设,开发和共享气候与灾害风险管理的信息、技术、良好实践及经验教训,推动将减轻灾害风险和适应气候变化一体化纳入绿色增长发展三个板块进行,最终形成了第四届亚洲部长级减灾大会《仁川宣言》和《亚太地区通过适应气候变化减轻灾害风险仁川区域路线图》两个成果文件。会议敦促各国遵照《兵库行动纲领》确立的优先领域,落实承诺,进一步调整和明确相关减灾措施与资源。会议呼吁各国积极参加"增强城市可抗力——我的城市已准备好了!"的全球运动,增强社区的减灾能力。会议明确要求,到 2015 年,建立适应气候变化的灾害风险管理制度,促进区域、国家和社区各级的可持续发展。[③]

---

① 参见中华人民共和国民政部、联合国驻华机构灾害管理小组:《社区减灾政策与实践》,2009 年 12 月,第 29—38 页。

② 参见孙燕娜等:《亚洲减轻灾害风险战略演变轨迹研究——基于 5 次亚洲部长级减灾大会成果的分析》,载《北京师范大学学报(自然科学版)》2014 年第 1 期,第 96 页。

③ http://www.mca.gov.cn/article/zwgk/mzyw/201011/20101100112745.shtml。

在国际合作项目实施方面,民政部与亚洲基金会于 2007 年共同启动了为期两年的"灾害管理公共合作项目",中国企业联合会和美国商会也参与其中。该项目的总体目标是通过强化政府与社会组织的伙伴关系来改进中国在备灾和赈灾方面的管理。围绕此目标,开展了企业和社会组织在灾害管理中的参与和投入、灾害管理中多部门跨领域合作、项目试点社区的灾害管理能力建设等活动。[①] 2008 年 12 月以来,在联合国开发计划署(UNDP)资助下,民政部国家减灾中心承担了"早期恢复和灾害风险管理项目"的子项目——农村社区减灾能力建设研究。该项目旨在研究开发用以评估农村社区减灾能力建设的方法和指标,提出改进农村社区减灾能力建设的政策建议。项目形成了两个主体报告——《农村社区减灾能力建设研究报告》和《推进农村社区减灾工作的研究报告》,一个成果文集——《社区减灾政策与实践》,并在四川省德阳市旌阳区柏隆镇清河村、德阳市中江县福兴镇光明村、广元市利州区三堆镇马口村,陕西省汉中市宁强县广坪镇骆家嘴村,甘肃省陇南市文县中庙乡肖家坝村开展了农村社区减灾的试点工作。项目通过对震后农村贫困社区减灾能力的实地调研,开展针对当地社区特点的干部及村民备灾减灾培训,应用参与式方法鼓励社区村民编制出适合当地社区的减灾应急预案,并据此进行实地应急演练,以加强社区减灾备灾能力,提升社区居民风险意识,从而总结出适合中国西部震后贫困地区农村社区的综合减灾模式,进而推动国家以社区为基础的减灾备灾政策制定。同时,为《全国综合减灾示范社区标准》修订提供参考。在这个项目的基础上,2009 年 11 月 11—12 日,中华人民共和国民政部和联合国驻华机构灾害管理小组在四川省广元市举办了旨在"促进综合减灾示范社区创建活动深入开展,提高中国城乡社区综合减灾能力"的社区减灾政策与实践研讨会[②]。2009 年,国际美慈组织的中国团队与地方政府紧密合作,在北川开展了一项为期两年的"灾害管理能力建设"项目。该项目由国际美慈组织、绵阳行政

[①] 王玉海等:《社区综合减灾防灾社会参与机制研究——以民政部与亚洲基金会灾害管理合作项目为例》,载罗平飞:《全国减灾救灾政策理论研讨优秀论文集》,北京:中国社会出版社 2011 年版,第 215 页。

[②] 参见中华人民共和国民政部、联合国驻华机构灾害管理小组:《社区减灾政策与实践》,2009 年 12 月,前言。

学院和北川羌族自治县地方政府三方合作,在北川羌族自治县下属两个乡镇开展,预期为社区带来:"知识上的改变——认识社区所面临的风险;态度上的改变——有信心应对风险;技能上的改变——有应对灾害的基本方法和技巧;社会组织方面的改变——加强居民对社区的认同感,从而发挥社区在灾害管理中的主导作用。"该项目强调社区"基层领导力"的建设,即能力建设的目标对象为社区中回应灾害、紧急事件的执行者(村委会主任等),希望通过项目的实施来提升社区领导人的应急处置能力,进而提升社区防灾减灾的综合能力。在已经开展的培训中,项目邀请了国际救援队的外籍专业培训师作为讲师,把来自基层社区的村主任、村支书集中起来,进行"社区防灾减灾培训"和"应急响应培训",前者主要包含防灾减灾背景知识和脆弱性与能力分析两大内容,后者则是完全基于实际运用的开发。[①]

在国内社会组织方面,2008 年 7 月 1 日至 8 月 31 日,云南省大众流域管理研究及推广中心(绿色流域)在南都公益基金会的赞助下,实施了"灾害社会影响评价、灾害管理规划能力建设"项目。2008 年 8 月 29—31 日,绿色流域联合四川"5·12"民间救助服务中心,在受地震灾害影响的四川省成都市举办了首届"灾害社会影响评价和灾害管理规划"研讨班。研讨班内容包括:灾害和社会评价的基本知识和方法,社会脆弱性评价,减灾、备灾和应急的措施及评价,灾害管理的需求、目标和策略,以及制定社区灾害管理规划的方法和步骤。来自四川和全国各地参与社区重建的 42 家民间组织,通过知识和案例分享、讨论与练习的方式初步了解和掌握了灾害社会影响评价、灾害管理规划理论及方法。[②] 2008 年 12 月,绿色流域的"参与式社区灾害管理"项目在云南省丽江市玉龙纳西族自治县拉市乡的彝族和纳西族村寨陆续开展了一系列工作。项目主要围绕以下两个内容来开展:一是以社区参与为主的"社区灾害管理"规划、防灾减灾知识培训及演习;二是根据"社区灾害管理"规划中确定的社区防灾减灾需求开展的硬件建设。截至 2011 年 10 月,为期三年的"参与式社区灾害管理"项目临近尾声,项目所在地两个少

[①] 参见叶宏等:《"社区灾害管理"的本土化策略——以西部民族地区为例》,载《西南民族大学学报》(人文社会科学版)2012 年第 6 期,第 52 页。

[②] 参见俸锡金等:《社区减灾政策分析》,北京:北京大学出版社 2014 年版,第 147 页。

数民族村寨共计 10 个村社的近千名村民接受了"社区灾害管理"相关知识和技能培训,社区的基础设施建设也得到很大程度的改观。[①] 2009 年 7 月,李嘉诚基金会资助的"5·12"地震灾区四川省彭州市小鱼洞镇大楠社区建设项目(以下简称"小鱼洞项目")是民政部全力打造的灾后重建示范项目,该项目将构建"以人为本"的社区综合性恢复重建模式及国家级重建项目示范点作为目标,推动建立政府主导、社区居民积极参与的多元化社区可持续发展模式。从恢复型重建到发展型重建,该项目标志着灾后重建工作中融入了社区减灾的理念。"小鱼洞项目"中的"灾后恢复重建机制项目",主要是在灾后农村社区实地调研的基础上,对社会组织系统恢复、社区关系重建、灾后特殊群体保护机制、农房恢复重建机制等进行总结和经验推广,同时对社区减灾系列宣传培训活动予以支持。[②]

　　除了政府和社会的推动,在此期间发生的三起重特大自然灾害,也在客观上推动了社区综合减灾示范模式的发展。2008 年 5 月 12 日发生的汶川特大地震灾害、2010 年 4 月 14 日发生的玉树特大地震灾害和 2010 年 8 月 8 日发生的舟曲特大山洪泥石流地质灾害造成的巨大人员伤亡和财产损失,以及暴露出来的社区减灾能力不足的问题[③],也让人们进一步认识到社区减灾的重要性,并促使社区综合减灾示范模式的推动者思考和探索社区综合减灾示范模式改进和完善的具体措施。

　　2. 模式内容的调整

　　随着环境的不断改变,作为环境子系统的社区综合减灾示范模式也必然要进行相应的调整。为使社区综合减灾示范模式更好地适应环境的变化,国家减灾委办公室于 2009 年底开始了全国综合减灾示范社区定位和机

---

　　① 参见叶宏等:《"社区灾害管理"的本土化策略——以西部民族地区为例》,载《西南民族大学学报》(人文社会科学版)2012 年第 6 期,第 51—52 页。

　　② 参见民政部国家减灾中心:《灾后社会组织系统恢复和社区关系重建研究报告》,李嘉诚基金会捐助项目——"彭州市小鱼洞镇大楠社区建设"的子项目报告,2010 年 7 月。

　　③ 与汶川地震相关的这部分内容可参考俸锡金等:《地市一级的巨灾应对——四川省绵阳市应对汶川特大地震案例研究》,北京:北京大学出版社 2016 年版;郭伟等:《汶川特大地震应急管理研究》,成都:四川人民出版社 2009 年版。笔者于 2010 年 5 月 21—26 日,参加由民政部救灾司、民政部人事司、国家减灾中心、中山大学等人员组成的民政部社会工作调研组赴玉树地震灾区进行调研时,对此也有很深的认识。相关内容可参阅《社会工作介入玉树灾后恢复重建的调研报告》(内部报告),2010 年 6 月。

制创新研究,形成了《关于全国综合减灾示范社区定位和机制创新研究报告》(以下简称《报告》)。《报告》在对综合减灾示范社区、平安社区、安全社区、和谐社区、文明社区、绿色社区等各项社区评比工作进行梳理和比较的基础上,提出了全国综合减灾示范社区的战略定位和机制创新的政策建议。

在综合减灾示范社区的优势和存在的问题方面,《报告》从三个方面进行了总结和分析。一是综合减灾示范社区是一项专项工作评比,关注社区通过体制机制建设、物资储备、风险识别等提高"自救""自保",强调综合减灾能力建设。其评比内容明确,评比指标全面清晰,在社区平台开展工作定位准确,广受社会各界好评和认可。二是综合减灾示范社区创建与综合类评估如和谐社区、文明社区的工作侧重点不同,与关注治安与犯罪控制的平安社区、关注环保问题的绿色社区也有区别,与关注人为事故与伤害预防的安全社区一定程度上关系较为密切。综合减灾示范社区是其他各类社区评比的有机综合和有益补充。三是当前的综合减灾示范社区评比的范围限于自然灾害,过于狭窄,应该适当扩大综合减灾示范社区评比的内容,评比的指标体系也可以做出适当调整。

在全国综合减灾示范社区的战略定位方面,《报告》提出了五个方面的具体内容。一是社区为基层单元的灾害管理应成为今后中国综合减灾的工作重点之一,社区减灾工作的推进可以以"综合减灾示范社区"的创建活动为依托;二是综合减灾示范社区的评比应集中体现"综合减灾"理念,因此应该涉及自然灾害、事故灾害、公共卫生事件和社会安全事件等四类灾害;三是综合减灾既包括减灾的基础设施建设,也包括社区安全文化建设;四是综合减灾示范社区要解决单一灾种管理引起的资源分散的问题,注重整合社区资源,实现综合减灾系统化;五是综合减灾要体现减灾主体的多元化,社区减灾应该成为政府主导、自上而下的防灾减灾救灾体制与民间自发的、自下而上的减灾实践的重要结合点。

在全国综合减灾示范社区的创新机制方面,《报告》提出了五个方面的政策建议。一是政府主导,促进协调,整合各种减灾资源,在社区构建起一个综合减灾防范体系;二是在社区减灾中促进基础设施与安全文化建设相结合、组织建设与科学技术相结合;三是促进政府、市场、公民社会的三方合作,使政府部门、商业组织、学校、医院、社会组织、居民等多元主体结成合作伙伴,充分利用社会资源为社区综合化减灾服务;四是综合减灾示范社区的创建应借鉴和谐社区、平安社区等社区创建的经验,并与其他社区创建工作相衔接,促进社区各项创建工作相互协调、相互推动;五是继续推进综合减灾示范社区的规范化、制度化、标准化建设。①

在这个《报告》的基础上,国家减灾委办公室组织专家对 2007 年出台的"减灾示范社区"标准进行了修订,并于 2010 年 5 月出台新的《全国综合减灾示范社区标准》,形成了调整后的社区综合减灾示范模式。与 2007 年的"减灾示范社区"标准相比,2010 年修订的标准无论是在政策制定主体上,还是在模式内容上都有了较大的改变和发展②。

在政策制定主体方面,政策制定的主体由民政部调整为国家减灾委办公室。虽然在事实上这两个不同主体名义下社区减灾政策制定的具体承担者为同一机构——民政部救灾司③,但这一主体改变的背后还是反映了政策环境的两个变化,即政策制定者对综合减灾认识的不断加深和国家减灾委作为综合减灾协调机构的作用不断加大。

在模式内容的总体数量方面,2010 年修订的模式增加了"灾害风险评估""减灾动员和减灾参与""管理考核""档案管理"等四项新的内容(见表 2.3)。这些内容,"更加强调了社区综合减灾的理念、社区的灾害风险管理和社区综合减灾工作的绩效管理,更加注重了居民和社会力量的参与,极大地丰富了社区综合减灾工作的内涵"。这些内容的增加,"是在对社区综合减灾工作的认识不断加深,创新并总结出了许多开展社区综合减灾的新做法和新经验基础上进行的,顺应了综合减灾工作发展的新要求"④。

①　参见国家减灾委办公室:《关于全国综合减灾示范社区定位和机制创新的研究报告》(内部资料),2009 年 12 月。

②　本部分有关模式调整的内容主要参考了《社区减灾政策分析》第六章第二节的内容,有较大修改。参见俸锡金等:《社区减灾政策分析》,北京:北京大学出版社 2014 年版,第 135—138 页。

③　根据民政部"三定"方案,民政部救灾司承担国家减灾委办公室的具体工作。民政部救灾司司长兼任国家减灾委办公室常务副主任,民政部救灾司副司长兼任国家减灾委办公室副主任。民政部救灾司减灾处承担国家减灾委办公室秘书处的工作,通常是"两块牌子一套人马"。

④　笔者在项目研究过程中向主持 2010 年版《全国综合减灾示范社区标准》修订工作、时任民政部救灾司减灾处处长张晓宁了解这一政策制定情况时,其对新政策标准的评价。

表 2.3 《全国综合减灾示范社区标准》对比

2007 年的标准	2010 年的标准
1. 健全减灾管理和组织领导机制 2. 制定社区灾害应急救助预案并定期演练 3. 具有较为完善的社区减灾公共设施和器材 4. 积极开展减灾宣传教育活动 5. 居民减灾意识普遍提高 6. 减灾活动特色鲜明	1. 综合减灾工作组织与管理机制完善 2. 开展灾害风险评估(新增) 3. 制定综合灾害应急救助预案 4. 经常开展减灾宣传教育与培训活动 5. 社区防灾减灾基础设施较为齐全 6. 居民减灾意识与避灾自救技能提升 7. 广泛开展社区减灾动员与减灾参与活动(新增) 8. 管理考核制度健全(新增) 9. 档案管理规范(新增) 10. 社区综合减灾特色鲜明

在基本条件方面,保留了"社区居民对社区综合减灾状况满意率大于70％""社区近 3 年没有发生因灾造成的较大事故"这两项基本条件,但将"小区居民户数应具有一定的规模(小区居民一般应达 2 000 户,新建小区入住率达 80％)"修改为"具有符合社区特点的综合灾害应急救助预案并经常开展演练活动"。

在社区参与主体方面,修订后的标准更加强调社区减灾主体的多元性。2007 年标准中明确的社区减灾主体只是社区减灾的工作组织和社区居民,2010 年修订的标准则增加了社区内的学校、相关企事业单位、医院、社会组织、防灾减灾志愿者队伍,并明确社区减灾的组织为社区综合减灾工作领导小组。

在管理机制方面,2010 年的标准明确将"建立了综合减灾示范社区工作机制"作为综合减灾工作组织与管理机制完善的重要内容。

在标准内容的文字表述和具体阐释方面,2010 年修订的模式不仅在文字表述上对原有标准进行了修改,增加了"综合减灾"的文字表述,而且对各项标准的具体解释也作了进一步修订。比如,将 2007 年模式中"减灾活动特色鲜明"这一标准修改为"社区综合减灾特色鲜明",更加突出了"社区综合减灾"这一字眼。不仅如此,在这一标准的阐释上,也由原来的"社区结合人文、地域等特点,开展了具有特色的减灾活动,具有较大的影响力,对周围社区具有示范指导作用"修改为更为具体的四项内容,即"在社区减灾工作部署、动员过程中,具有有效调动居民和单位参与的方式方法;在社区综合减灾工作中,有独到的做法或经验,如利用本土知识和工具,进行灾害监测、预报和预警,有行之有效的做好外来人口减灾教育的方式方法等;利用现代技术手段,开展日常综合减灾工作,如建立社区网站、社区网络等;在防灾减灾宣传教育活动中具有地方特色"。

在评分表的结构和内容方面,2010 年修订后的《〈全国综合减灾示范社区标准〉评分表》(见附录二)做了较大的改变,它将 2007 年的《评估标准分解表》(见附录一)中的"考评项目"改为"一级指标",将"考评内容"修改为"二级指标",并在每个二级指标后面都列出了详细的评定标准。此外,2010 年的评分表不再将基本条件列入其中。与 2007 年的《评估标准分解表》相比,2010 年的评分表更加突出可行性和可操作性,它把 10 项评选指标划分为 35 个二级指标并细化为 73 条评定标准。而且,每一个二级指标和每一条评定标准都被赋予了一个确定的分值。通过这样的细化和定量转化,新修订的模式不仅在内容上有了更大的发展,而且在实际操作中也更为切实可行。

但比较遗憾的是,《报告》提出"综合减灾"应该涉及自然灾害、事故灾害、公共卫生事件和社会安全事件等四类灾害的政策建议在新的标准条文中并没有得到明确的表述。

二、发展的第二阶段

在这一阶段,社区综合减灾示范模式同样得到了较快的发展。民政部先后于 2011 年 12 月、2012 年 11 月、2013 年 11 月三次共命名"全国综合减灾示范社区"3 846 个(比第一阶段增加 2 284 个,增长率为 146%),其中城市社区 2 487 个(比第一阶段增加 1 297 个,增长率为 109%),农村社区1 359 个(比第一阶段增加 987 个,增长率为 265%);在区域分布上,东部地区的数量依然比中部、西部地区多,中部地区的数量则超过了西部地区(见表 2.4)。

表 2.4　2011—2013 年"全国综合减灾示范社区"区域和城乡分布统计

东部地区				中部地区				西部地区			
省份	城市社区	农村社区	合计	省份	城市社区	农村社区	合计	省份	城市社区	农村社区	合计
北京	151	19	170	山西	61	21	82	内蒙古	55	23	78
天津	47	7	54	吉林	91	17	108	广西	40	18	58
河北	110	20	130	黑龙江	91	29	120	重庆	44	34	78
辽宁	81	21	102	安徽	61	66	127	四川	66	234	165
上海	56	41	97	江西	57	95	152	贵州	23	56	79
江苏	106	57	163	河南	86	25	111	云南	24	38	62
浙江	173	96	269	湖北	110	66	176	西藏	5	11	16
福建	40	32	72	湖南	102	67	169	陕西	57	33	90
山东	129	42	171					甘肃	54	46	100
广东	206	152	358					青海	18	27	45
海南	8	25	33					宁夏	20	10	30
大连	38	5	43					新疆	66	33	99
宁波	57	19	76					兵团	47	0	47
青岛	38	2	40								
厦门	19	7	26								
深圳	50	0	50								
合计	1 309	545	1 854	0	659	386	1 045	0	519	428	947

说明:1. 表中的中、东、西部地区参照国家发展改革委划分方案;2. 本表根据民政部救灾司减灾处提供的 2011—2013 年各年度"全国综合减灾示范社区"名单进行统计得到的数据制作,大连、宁波等计划单列市和新疆生产建设兵团作为省级单位统计。

与第一阶段相比,这一阶段对社区综合减灾示范模式的推动主要来自政府部门,国际和社会组织的推动则相对较少。在此期间,社区综合减灾示范模式进行了第二次较大的调整。从这一阶段的发展实践来看,政府主导和规范管理成为社区综合减灾示范模式发展的显著特征。

1. 对模式发展的推动

从中央层面的措施来看,在这一阶段,以政策和标准来推动社区综合减灾示范模式发展的特征十分明显。2011 年 6 月 15 日,国家减灾委员会发布《关于加强城乡社区综合减灾工作的指导意见》,提出"十二五"期间在全国范围内建成 5 000 个以上的全国综合减灾示范社区(其中农村社区不少于

1 500 个)的发展目标。2011 年 11 月国务院办公厅颁布《国家综合防灾减灾规划(2011—2015 年)》,提出"创建 5 000 个全国综合减灾示范社区"的规划目标、"加强区域和城乡基层防灾减灾能力建设"的主要任务和"综合减灾示范社区和避难场所建设工程"的重大项目。2011 年 12 月 12 日民政部发布《全国综合减灾示范社区创建规范》,标志着全国综合减灾示范社区创建进入标准化管理阶段。2012 年 6 月 15 日,民政部印发了《民政部关于〈全国综合减灾示范社区创建管理暂行办法〉的通知》,从程序和流程上对全国综合减灾示范社区的申报和管理进行了规范。

此外,民政部还通过召开座谈会或经验交流会等方式来推动社区综合减灾示范模式的发展。2012 年 3 月,民政部救灾司分别在广西南宁、河南开封召开南、北片区全国综合减灾示范社区创建工作座谈会,听取意见和建议;2012 年 5 月,民政部救灾司召集北京市民政局、北京市东城区和丰台区民政局以及有关街道和社区,座谈全国综合减灾示范社区创建工作,听取有关意见和建议;2012 年 9 月,民政部救灾司在浙江省宁波市召开了全国社区减灾工作经验交流会,来自民政系统的代表、国际机构(如联合国开发计划署、联合国妇女署)代表或项目专家、NGO 代表(如李嘉诚基金会、亚洲基金会、北京市紧急救援基金会、中国社工教育协会等)、企业代表(如中国人保财险公司)和社区的代表(如四川彭州和浙江宁波北仑的社区)参加了会议。会议围绕社区减灾工作实践,全面分享了各方开展社区减灾工作的经验和做法,认真梳理了我国社区减灾工作存在的主要问题,提出进一步完善社区减灾工作的意见和建议,对更好地完善我国社区减灾体系、提高我国基层综合减灾能力和水平有着重要的推动作用,也为今后社区减灾工作的深入开展提供了新见解和新思路。

在地方层面,地方各级政府部门也通过制定政策、标准和制度等方式,推动社区综合减灾示范模式的发展。①

除国内各地各级政府部门大力推动之外,国际社会对灾害风险的认识和对社区减灾的推动也对社区综合减灾示范模式发展产生了重要影响。

---

① 地方对社区综合减灾示范模式的推动,可参阅本书第三章第二节"政府主导性"部分的资料背景、第四章第一节"政策保障机制"部分的内容。

2012 年 10 月 22—25 日,第五次亚洲部长级减灾大会在印度尼西亚日惹市召开并通过了《亚太 2012 年减轻灾害风险日惹宣言》。此次会议的主题是"加强地方减轻灾害风险能力"。在这一主题下设置了三个子议题,即"将地方层面减少灾害风险和适应气候变化纳入国家发展规划、地方风险评估和融资、加强地方风险管理和伙伴关系"。在这次会议上,中国代表团提出了包括"继续加强基于社区的综合减灾能力建设,相互学习借鉴在基层减灾能力建设方面的经验,努力减轻社区灾害风险,不断提高社区综合减灾能力"在内的四条合作建议。① 2013 年 5 月 21—23 日,第四届全球减灾平台大会在瑞士日内瓦召开。此次会议的主题是"今天的投入,为了更安全的明天",旨在延续以往平台大会的良好势头,推动政府、国际机构、非政府组织、学术科研机构和私营部门等利益攸关方加大对减灾的重视和投入,进一步做好减少灾害风险和提升社区抗灾能力等工作。② 在这些平台之外,减灾的国际合作项目也影响和推动了中国的社区减灾。2013 年 1 月 14 日,由英国国际发展部(DFID)出资并委托联合国开发计划署(UNDP)进行项目管理,中华人民共和国民政部救灾司、中国水利水电科学研究院、中国地震应急搜救中心以及孟加拉国、尼泊尔两国共同实施的"亚洲社区综合减灾合作项目"正式启动。该项目围绕社区减灾政策研究、社区减灾政策经验交流、项目示范区建设、社区减灾培训、开发社区减灾信息交流系统等内容开展实施,旨在推动中国与其他发展中国家在社区减灾领域开展经验分享和交流,提高项目参与国的社区综合减灾能力。该项目的顺利实施,在客观上推动了社区综合减灾示范模式的改进和完善。

2. 模式内容的调整

经过三年多的发展,社区综合减灾模式也逐步暴露出对城乡社区的差异性考虑不足、与其他几类公共事件融合不够等问题,标准的修订提上重要的日程。2012 年,民政部救灾司启动了标准修订前的调研工作,形成了《关于全国综合减灾示范社区创建工作的调研报告》(以下简称《调研报告》)。《调研报告》在总结全国综合减灾示范社区创建工作主要做法和经验的基础

---

① http://www.mca.gov.cn/article/zwgk/mzyw/201210/20121000369756.shtml。

② http://www.mca.gov.cn/article/zwgk/mzyw/201305/20130500462268.shtml。

上,分析了存在的六个方面的问题,即"1)创建工作的区域和城乡发展不平衡;2)示范社区创建工作经费缺乏,手段不足;3)创建工作缺乏激励机制;4)创建要素的规范性有待提高;5)创建工作缺乏专业人员指导;6)创建工作经验总结推广不够",并提出了改进和完善综合减灾示范社区创建工作的四条政策建议,即"加强对示范社区创建工作的分类指导;争取在财政支出科目中设立减灾科目;提升综合减灾示范社区创建层级;建立减灾示范社区创建工作激励机制"[①]。

在《调研报告》的基础上,2013 年 9 月,国家减灾委办公室再次对《全国综合减灾示范社区标准》进行修订,形成了新的《全国综合减灾示范社区标准》。这次标准修订,同样是在总结和反思我国综合减灾示范社区创建工作经验和教训的基础上,并在国际社会对社区减灾工作提出新理念和新思路的背景下进行的。"从近几年实际工作来看,虽然示范社区创建工作已取得一些显著成绩,但仍存在区域和城乡发展不平衡、创建要素规范性有待提高等问题。为进一步规范示范社区创建工作,2012 年民政部开展了全国综合减灾示范社区创建的专题调研,撰写了《关于全国综合减灾示范社区创建工作的调研报告》,印发了《全国综合减灾示范社区创建管理暂行办法》。此后,第五届亚洲减灾大会、第四届全球减灾平台大会相继召开,国际社会针对社区减灾工作也提出一些新理念、新思路。为使《标准》的表述更加准确、科学和完整,并与现有规章和国际理念更好地衔接,我们对《标准》进行了重新修订。"[②]

与 2010 年的标准相比,2013 年修订的标准突出了以下三个主要特点[③]:

其一,它突出了示范社区创建的"综合性",尽量减少民政部门色彩。将政策的直接执行对象由省、自治区、直辖市民政厅(局),计划单列市民政局,新疆生产建设兵团民政局修改为各省、自治区、直辖市的省级减灾委员会,

---

① 参见来红州等:《关于全国综合减灾示范社区创建工作的调研报告》(内部资料),2012 年。

② 引自主持 2013 年版《全国综合减灾示范社区创建标准》修订工作、现任民政部救灾司救灾处处长来红州对政策修订背景的说明。

③ 这部分主要参考了《社区减灾政策分析》第六章第二节的内容,有修改。参见俸锡金等:《社区减灾政策分析》,北京:北京大学出版社 2014 年版,第 138—140 页。

计划单列市减灾委员会,新疆生产建设兵团减灾委员会[①];对标准中的一些用词进行了规范,比如将"灾害救助应急预案"修改为"应急预案",将"救灾应急演练"修改为"应急演练",将"救灾队伍"修改为"救援队伍"等,将"以国家防灾减灾日、国际减灾日为契机"修改为"结合世界气象日、全国防灾减灾日、全国科普日、国际减灾日、全国消防日等"。

其二,它突出了对示范社区创建工作的分类指导。新的标准强调了农村社区与城市社区在创建方面的差异性,细化了有关创建要素。在"(二)灾害风险评估"中,增加了"城市社区应具有空巢老人等脆弱人群清单,农村社区应具有空巢老人、留守儿童等脆弱人群清单,明确脆弱人群对口帮扶救助措施";在"(三)应急预案"中,增加了"城市社区演练每年不少于两次,农村社区演练每年不少于一次";在"(四)宣传教育培训"中,增加了"城市社区居民参训率不低于90%,农村社区居民参训率不低于80%";在"(五)减灾设施和装备"中,增加了"农村社区可因地制宜设置避难场所"。

其三,它注重语言表述的准确性和规范性。新的标准更加注重语言表述的规范性、准确性,以及实际工作的可操作性。它对10个创建要素的名称进行了规范,分别确定为:组织管理、灾害风险评估、应急预案、宣传教育培训、减灾设施和装备、居民减灾意识与技能、社会多元主体参与、日常管理与考核、档案管理、创建特色,修改后更符合标准写作语言,简洁易记。对一些略显重复的条款进行了合并,比如删除了标准中"灾害风险评估"之下第5条有关应急避难场所的规定,合并到"减灾设施和装备";"应急预案"中有关应急演练的条款原为两条,修订后合并为一条。[②]

从上述修订说明和标准关于灾害风险隐患排查的范围规定我们可以看到,在2010年标准修订中没有得到很好体现的"综合减灾应该涉及自然灾害、事故灾难、公共卫生事件和社会安全事件等四类突发事件"的政策建议,在这一次修订的标准中得到了明确的表述。

---

① 截止到2016年12月,全国除北京、上海、重庆三个直辖市,28个省、自治区、直辖市、新疆生产建设兵团都成立了减灾委员会。

② 本部分主要参考了民政部救灾司减灾处提供的《关于修订〈全国综合减灾示范社区标准〉的说明》。

三、发展的第三阶段

与前一阶段的发展速度相比，这一阶段，社区综合减灾示范模式的发展速度较为缓慢。民政部先后于 2014 年 12 月、2015 年 12 月、2016 年 11 月，共命名"全国综合减灾示范社区"4 160 个（比第二阶段增加 314 个，增长率为8%），其中城市社区 2 513 个（比第二阶段增加 26 个，增长率为 1%），农村社区 1 647 个（比第二阶段增加 288 个，增长率为 21%）。从数据中可以看到，在区域分布上，"全国综合减灾示范社区"的数量依然是东部地区比中部、西部地区多，中部地区比西部地区多（见表 2.5）。

表 2.5　2014—2016 年"全国综合减灾示范社区"区域和城乡分布统计

东部地区				中部地区				西部地区			
省份	城市社区	农村社区	合计	省份	城市社区	农村社区	合计	省份	城市社区	农村社区	合计
北京	123	27	150	山西	52	16	68	内蒙古	64	21	85
天津	33	10	43	吉林	96	15	111	广西	61	30	91
河北	140	34	174	黑龙江	90	30	120	重庆	42	33	75
辽宁	86	17	103	安徽	78	61	139	四川	63	149	212
上海	51	59	110	江西	55	105	160	贵州	41	52	93
江苏	161	95	256	河南	118	57	175	云南	37	26	63
浙江	151	125	276	湖北	104	81	185	西藏	2	4	6
福建	59	49	108	湖南	111	105	216	陕西	55	35	90
山东	149	70	219					甘肃	41	49	90
广东	134	171	305					青海	15	24	39
海南	14	16	30					宁夏	14	16	30
大连	56	4	60					新疆	48	31	79
宁波	40	16	56					兵团	35	0	35
青岛	35	7	42								
厦门	23	7	30								
深圳	36	0	36								
合计	1 291	707	1 998		704	470	1 174		518	470	988

说明：1. 表中的中、东、西部地区参照国家发展改革委划分方案；2. 本表根据民政部救灾司减灾处提供的 2014—2016 年各年度"全国综合减灾示范社区"名单进行统计得到的数据制作，大连、宁波等计划单列市和新疆生产建设兵团（简称"兵团"）作为省级单位统计。

与第二阶段的推动相比,这一阶段除了 2016 年 12 月 29 日由国务院办公厅出台的《国家综合防灾减灾规划(2016—2020 年)》提出"十三五"时期创建 5 000 个全国综合减灾示范社区的目标外,中央层面没有出台其他有关社区综合减灾的具体政策。尽管如此,国家减灾委办公室和民政部依然沿袭了以往通过座谈会推进社区综合减灾示范模式发展的方式。2015 年 12 月,民政部救灾司在上海召开了全国综合减灾示范社区创建工作座谈会,会议总结了各地在"政策创制、资金投入、提高能力、创建特色和资源整合"五个方面的经验,指出了"示范社区创建区域和城乡不平衡、标准规范不够完善、经费保障不足、社区减灾基础设施薄弱和资源有待进一步整合"等五个方面的问题,并提出了"强化风险管理、论证创建综合减灾示范区县和乡镇、支持宣传教育基地和避难场所建设、加强资源整合和拓宽资金来源渠道"四个方面的政策建议。北京、上海、浙江、广东、四川和云南分别在会上介绍了各自综合减灾示范社区创建的经验,湖北则介绍了减灾示范县创建的经验。①2016 年 12 月,民政部救灾司在浙江省杭州市召开全国社区减灾工作座谈会,会议在回顾 2008 年以来全国综合减灾示范社区创建工作主要成效的基础上,分析了社区减灾工作中存在的"区域和城乡发展不平衡、管理有待完善、经费保障不足、基础设施建设薄弱、教育培训和演练效果有待提高、隐患排查治理有待创新"等六个方面的问题,提出"加大资源整合力度、建立动态调整机制、拓宽减灾资金渠道、发挥社会力量作用、加强宣传教育培训、依托专业力量治理社会隐患"等六个方面的政策建议。浙江、青岛等省市民政厅(局)救灾处处长分别介绍了各自综合减灾示范社区创建的经验。会议期间,与会代表还实地参观考察了杭州市上城区望江街道近江东园社区和江干区凯旋街道南肖埠社区。②此外,为进一步规范全国综合减灾示范社区创建工作,总结推广各地行之有效的经验和做法,研究解决各地在创建过程中遇到的困难和问题,不断提高创建水平,民政部救灾司还开展了一系列调研

---

① 参见国家减灾委办公室:《2015 年全国综合减灾示范社区创建工作座谈会经验交流材料》(内部资料),2015 年 12 月。

② 资料来源于国家减灾网站(http://www.jianzai.gov.cn//DRpublish/jzdt/000100020001-1.html)以及民政部救灾司减灾处提供的会议材料。

活动。2014 年 11 月,民政部救灾司派员赴浙江、福建两省开展实地调研;2015 年 11 月,民政部救灾司派员赴江西、湖北两省开展实地调研;2016 年 11 月、12 月,民政部救灾司派员分别赴广东省、上海市、浙江省和海南省开展实地调研。

在地方层面,各地在原有的基础上,继续探索和完善符合本地特点、各具特色的工作以推动社区综合减灾示范模式的发展。比如,上海市开展了社区风险评估和风险图绘制,浙江开展了"避灾工程建设",广东建立了激励机制,四川加强应急避难场所建设,云南继续实施防灾应急"三小工程",加强预防和处置地震灾害能力建设的十项重大措施和十项重点工程[①];四川省成都市以社区(村)综合减灾公共信息标识建设规范地方标准建设为切入点,全面推动成都城乡社区综合减灾示范模式的深入发展[②]。

在国际社会方面,国际社会对包括社区减灾在内的防灾减灾提出了新的理念和新的要求。2014 年 6 月 23—26 日,第六届亚洲减灾部长级大会在泰国曼谷召开,通过了《亚太 2014 年减轻灾害风险曼谷宣言》《亚太对〈2015 年后国际减灾框架(HFA2)〉的贡献》和《各利益攸关方自愿承诺声明》等成果文件。此次会议的主题就是"加大投入,构建具有抗灾力的国家和社区"。在这一主题下设置了三个子议题,即"增强地方层面的抗灾力,提高在灾害和气候风险管理方面的公共投入;保护和维持发展成果;私营机构的角色——减轻灾害风险中的公私伙伴关系"[③]。2015 年 3 月,第三次世界减灾大会通过的《2015—2030 年仙台减轻灾害风险框架》(以下简称《仙台减灾框架》),在减灾方面设立了七大目标和四大优先事项。[④] 2016 年 11 月 3—5 日,第七届亚洲减灾部长级大会在印度新德里举行,会议通过了《德里宣言》和《亚洲地区实施〈仙台减灾框架〉行动计划》。《德里宣言》在树立灾害风险

---

① 参见国家减灾委办公室:《2015 年全国综合减灾示范社区创建工作座谈会经验交流材料》(内部资料),2015 年 12 月。

② 吴宏杰:《遵循规律 标准引领 构建社区(村)综合减灾新格局》,载《中国减灾》2016 年第 11 期,第 61 页。

③ 详见民政部网站,http://www.mca.gov.cn/article/zwgk/mzyw/201406/20140600659008.shtml。

④ 史培军:《仙台框架:未来 15 年世界减灾指导性文件》,载《中国减灾》2015 年第 7 期,第 31—32 页。

管理理念、增强备灾能力、提升社区抗灾能力、加强区域合作和推动防灾减灾科技应用等方面达成了共识;《亚洲地区实施〈仙台减灾框架〉行动计划》就落实《2015—2030 年仙台减轻灾害风险框架》的政策导向、计划实施路线图、两年行动计划(2017—2018)、计划实施与监测等方面做了详细阐述,并在区域层面、国家层面和地区层面提出了详细的要求。① 国际社会这些关于防灾减灾的新理念和新要求,不可避免地对新形势下我国社区综合减灾示范模式的发展提出新的诉求。

　　除了这些国际平台的推动,一些国际合作项目也在促进中国社区综合减灾示范模式发展方面产生了积极的影响。2015 年 7 月,"亚洲社区综合减灾合作项目二期"正式启动。② 这一期项目以提升社区防灾减灾救灾能力为主要目标,旨在通过加强社区减灾领域的区域合作来提升亚洲发展中国家应对灾害的能力,探索社区减灾救灾国际交流与合作的新机制和新模式。③由英国自然环境研究理事会、英国经济社会研究理事会和中国国家自然科学基金资助的项目——"面向社区的减轻地震次生灾害风险研究"也于 2016 年正式启动。该项目同样以提升社区减灾能力为主要目标,着重在以下三个方面开展研究:一是研究分析适用于中国社区的减灾标准与方法体系,探究社区减灾管理过程中的重要因子及其内在机制;二是基于历史滑坡数据和多源卫星遥感数据,研究震后滑坡的成灾特点与分布规律,分析其发生机制与影响程度;三是通过灾害应对情景推演,构建社区尺度的利益攸关方的灾害应对模式,提升应对地震灾害的能力。④ 这些与中国社区综合减灾紧密相关的项目的实施,在客观上也将推动中国社区综合减灾示范模式的深入发展。

　　而当前和今后一段时期对社区综合减灾示范模式具有重要影响和重大指导意义的则是党中央关于加强灾害风险管理和综合减灾的一系列重要论

---

　　① 详见民政部网站,http://www.mca.gov.cn/article/zwgk/gzdt/201611/20161100002380.shtml。

　　② 详见国家减灾网站,http://www.jianzai.gov.cn/DRpublish/jzdt/0000000000014761.html。

　　③ 详见国家减灾网站,http://www.jianzai.gov.cn/DRpublish/jzdt/0000000000020755.html。

　　④ 详见国家自然科学基金委员会资助项目计划书——《面向社区的减轻地震次生灾害风险研究》(项目批准号 41661134015)。

断。2016 年 7 月 28 日,习近平总书记在唐山抗震救灾和新唐山建设 40 年之际考察唐山时发表了关于防灾减灾救灾的重要讲话。在这个重要讲话中,习近平总书记提出了"两个坚持、三个转变"的重要思想,即"坚持以防为主、防抗救相结合,坚持常态减灾和非常态救灾相统一,努力实现从注重灾后救助向注重灾前预防转变,从应对单一灾种向综合减灾转变,从减少灾害损失向减轻灾害风险转变,全面提升全社会抵御自然灾害的综合防范能力"①。习近平总书记的重要讲话是在科学分析我国灾害形势的基础上,对防灾减灾救灾工作提出的新思想、新论断和新要求,思想深刻、内涵丰富,是今后一个时期我国防灾减灾救灾工作的根本遵循,也是做好社区综合减灾工作的指导方针。2016 年 10 月 11 日,中央深化改革领导小组第二十八次会议通过了《关于推进防灾减灾救灾体制机制改革的意见》,并要求以这一重要思想为指导推进防灾减灾救灾体制机制改革。"会议指出,推进防灾减灾救灾体制机制改革,必须牢固树立灾害风险管理和综合减灾理念,坚持以防为主、防抗救相结合,坚持常态减灾和非常态救灾相统一,努力实现从注重灾后救助向注重灾前预防转变,从减少灾害损失向减轻灾害风险转变,从应对单一灾种向综合减灾转变。要强化灾害风险防范措施,加强灾害风险隐患排查和治理,健全统筹协调体制,落实责任、完善体系、整合资源、统筹力量,全面提高国家综合防灾减灾救灾能力。"②2016 年 12 月 19 日,中共中央、国务院正式颁布了《关于推进防灾减灾救灾体制改革的意见》③,在这一文件的第二部分"健全统筹协调体制"中提出了与社区综合减灾直接相关的重要内容,即"加强社区层面减灾资源和力量统筹,深入创建综合减灾示范社区,开展全国综合减灾示范县(市、区、旗)创建试点。定期开展社区防灾减灾宣传教育活动,组织居民开展应急救护技能和逃生避险演练,增强风险防范意识,提升公众应急避险和自救互救技能",为中国社区减灾的未来发展提出了改革的方向。而防灾减灾救灾体制机制改革本身,也必将对社区

---

① 详见中国网,http://www.china.com.cn/news/2016-07/29/content_38981243.htm。

② 详见国家减灾网,http://www.jianzai.gov.cn//DRpublish/jzdt/0000000000020385.html。

③ 参见《中共中央 国务院关于推进防灾减灾救灾体制机制改革的意见》(中发〔2016〕35 号),新华网,http://news.xinhuanet.com/politics/2017-01/10/c_1120284051.htm。

综合减灾示范模式的创新发展产生深远而重要的影响。

国内外减灾环境的改变,必然要求社区综合减灾示范模式的调整。从2015—2016年全国减灾示范社区工作座谈会总结的问题来看,前一阶段的不少问题还没有得到很好的解决,一些新的问题,诸如在保持大的框架不变的前提下,有没有必要分区域设定标准等,又摆上了决策者的议事日程。在新的环境下,社区综合减灾示范模式究竟该如何调整,将成为当前决策者面临的重要任务。

第三章
社区减灾模式的内容和特征

作为一种通过规范性政策文件自上而下推行的社区减灾模式,社区综合减灾示范模式的内容必然会通过政策文本的形式体现出来。所以,对政策文本的内容进行分析是我们了解社区减灾模式内容的最基本途径。

作为植根于中国这一特定环境下的社区减灾模式,社区综合减灾示范模式必然具有其自身的独有特征。这些特征对人们更好地认识社区综合减灾示范模式具有十分重要的意义。

社区的数量之多,分布之广,灾害的不同时空分布和各地经济社会发展水平的不同,决定了每个社区资源禀赋和灾害风险的不一样,也决定了每个社区的减灾不可能"千人一面"。

作为一种由中央层面推行的社区减灾模式,社区综合减灾示范模式在将近十年的发展中,经历了由简单到复杂的发展过程。在这一发展过程中,社区综合减灾示范模式的内容不断得到充实和完善,其独有的特征也越来越明显。在这一章,我们将着重描述和分析中国社区减灾模式的主要内容和基本特征。

第一节　社区减灾模式的主要内容

正如我们在前面的章节所述,作为一种通过规范性政策文件自上而下推行的社区减灾模式,社区综合减灾示范模式的内容必然会通过政策文本的形式体现出来。所以,对政策文本的内容进行分析是我们了解社区减灾模式内容的最基本途径。通过文本的文字描述,我们可以清晰地看到社区减灾的参与主体是谁、主体的职责是什么、社区减灾的内容有哪些以及达到的标准是什么等诸多方面的内容(见图 3.1)。在这里,我们以现行标准即2013 年国家减灾委办公室出台的《全国综合减灾示范社区标准》为研究对象,对此进行描述和分析。

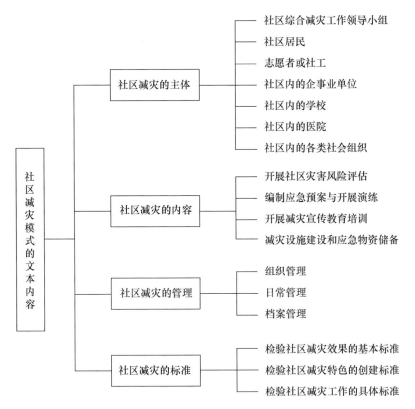

图 3.1　社区综合减灾示范模式文本内容结构

一、社区减灾的主体

社区减灾的主体主要是指在社区层面参与减灾的各类主体。它说明了谁来参与社区的减灾活动以及各自的职责是什么。从《全国综合减灾示范社区标准》的文本来看，社区减灾的参与主体主要包括社区综合减灾工作领导小组、社区居民、志愿者或社工、社区内的企事业单位、社区内的学校、社区内的医院以及社区内的各类社会组织等七类主体。这七类主体构成了社区减灾参与的多元主体结构。在这一结构中，社区综合减灾工作领导小组始终处于中心的地位，在社区层面发挥减灾的主导作用；其他几类主体则围绕社区综合减灾工作领导小组的统筹安排，根据与社区达成的协议或构建的机制参与社区减灾工作，并形成主体之间的互动关系（见图 3.2）。

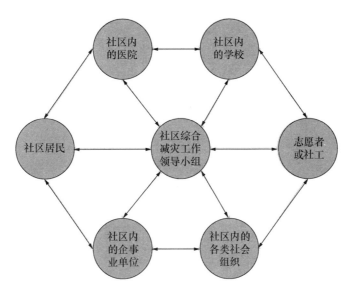

图 3.2　社区减灾参与主体关系结构

需要说明的是，除了社区综合减灾工作领导小组和社区居民，其他五类主体在社区综合减灾示范模式的创建实践中并不是一个必然的选择。因为，不是所有的社区都具备这样的主体条件。比如说，在一些农村社区就没有企业单位。但对于国家层面的社区减灾模式而言，它必然要将所有可能涵盖到的主体列入其中，否则就难以体现出社区综合减灾示范模式的"全国性"共有特征。

在社区减灾参与的主体结构中,各参与主体之间互动关系的建立与各自在社区减灾中的职责密切相关。职责是主体的行为规范,它通过明确的条文或约定俗成的方式设定了主体需要开展的减灾行动。按照政策文本的规定,作为社区减灾的核心主体,社区综合减灾工作领导小组的主要职责是负责综合减灾示范社区的创建、运行、评估和改进等工作。作为社区减灾的最大参与主体,社区居民需要参加与自身密切相关的三项减灾活动,即"主动参与社区组织的风险隐患排查、编制灾害风险地图、宣传教育、专题培训和应急演练等各类防灾减灾活动;知晓社区灾害风险隐患及分布、预警信号含义、应急避难场所和疏散路径等;掌握在不同场合应对各种灾害的逃生避险和自救互救的基本方法与技能"。而作为社会力量的其他五类参与主体是社区减灾工作的重要参与者和推动者。防灾减灾志愿者或社工需要承担宣传教育和义务培训等社区综合减灾相关工作;社区内的相关企事业单位需要积极组织开展防灾减灾活动,并主动参与风险评估、隐患排查、宣传教育与应急演练等社区防灾减灾活动,定期对单位员工进行防灾减灾教育等;社区内的学校需要在日常教育中注重提高学生的防灾减灾意识和应急能力,利用学校教育资源,为居民开展各类防灾减灾知识普及教育;社区内的医院需要积极承担有关医护工作,关注社区脆弱人群,提高社区救护能力;社区内的各类社会组织需要发挥自身优势,吸收各方资源,积极参与社区综合减灾工作。从这些主体的职责规定不难看出,社区综合减灾工作领导小组承担着社区减灾的领导责任,其他参与主体则承担着社区减灾的协同责任;社区居民承担的职责更多是从"居民义务"的角度来进行设定,并与自身减灾意识的增强和技能的提高紧密相连,而社会力量承担的职责则与他们各自的特点和资源优势密切相关。

二、社区减灾的内容

社区减灾的内容所要说明的是,人们究竟从哪些方面来开展社区减灾活动。在社区综合减灾示范模式中,社区减灾的内容主要体现在以下四个方面。

第一个方面是开展社区灾害风险评估。在政策文本的规定中,这一内容被细化为三项具体的工作。其一是灾害风险排查,即定期开展社区灾害风险排查,列出社区内潜在的自然灾害、安全生产、公共卫生、社会治安等方面的隐患,及时制定防范措施并开展治理。这一条款包含了时间要求(定期)、隐患类型(即四类公共事件隐患)和处置要求(即制定措施与及时治理)三个关键的信息。其二是明确两类清单和措施。一类是社区脆弱人群清单,主要有老年人(包括空巢老人)、儿童(包括留守儿童)、孕妇、病患者和残障人员等,应对的措施是结对帮扶;另一类是公共安全设施安全隐患清单,主要有居民住房、社区内道路、广场、医院、学校等,应对的措施是制定治理方案和时间表。其三是编制社区灾害风险图,标示灾害风险类型、强度或等级,风险点或风险区的时间、空间分布及名称。

第二个方面是编制应急预案与开展演练。在预案编制方面,政策文本提出了"三个要求"和"四个明确"。所谓"三个要求"是指,预案编制要结合社区实际情况(社区的灾害隐患、脆弱人群、救援队伍、救灾资源等),预案要具有较强的针对性和可操作性,预案要根据灾害的形势变化和社区实际及时修订。"四个明确"则是指,明确启动标准,明确协调指挥、预警预报、隐患排查、转移安置、物资保障、信息报告、医疗救护等小组分工;明确预警信息发布方式和渠道;明确应急避难场所分布、安全疏散路径、医疗设施及指挥中心分布;明确社区内所有工作人员和脆弱人群的联系方式以及结对帮扶的责任分工。在应急演练方面,政策文本也提出了四个方面的明确要求。其一是明确应急演练的内容和频次。演练的内容应包括组织指挥、隐患排查、灾害预警、灾情上报、人员疏散、转移安置、自救互救、善后处理等环节;演练的频次为城市社区每年不少于两次,农村社区每年不少于一次。其二是明确演练主体的参与要求。在社区开展的应急演练,要吸收社区居民、社区内企事业单位、社会组织和志愿者等广泛参与。其三是对演练的效果进行评估。在演练结束后,要及时开展演练效果评估,进行社区居民满意度调查,并针对演练发现的问题不断完善预案。其四是要保存演练的资料。演练过程要有照片或视频等影像资料记录。

第三个方面是开展减灾宣传教育培训。这一内容主要体现在三个具体方面。其一是对场所或载体的利用。社区要利用现有公共活动场所或设施（图书馆、学校、宣传栏、橱窗、安全提示牌等），设置防灾减灾专栏，张贴有关宣传材料，设置安全提示牌等，充分发挥广播、电视、互联网、手机等载体的作用。其二是集中开展宣传教育活动。社区要结合防灾减灾日、全国科普日、全国消防日、国际减灾日、世界气象日等，采取防灾减灾知识技能培训、知识竞赛、专题讲座、座谈讨论、参观体验等形式，集中开展防灾减灾宣传教育活动。其三是组织防灾减灾培训。社区要组织社区居民及社区内学校、医院、企事业单位、社会组织参加防灾减灾培训，且城市社区居民参训率不低于 85％，农村社区居民参训率不低于 75％。

第四个方面是减灾设施建设和应急物资储备。这一内容主要体现在四个具体方面。一是社区应急避难场所建设。社区要通过新建、加固或确认的方式，建立社区灾害应急避难场所；避难场所的位置、可安置人数、管理人员、功能区分布等信息要明确，并储备一定数量的应急食品、饮用水、棉衣被、照明和厕所等基本生活用品和设施，配备一定数量的消防救生器材；在避难场所、关键路口等，设置醒目的安全应急标志或指示牌。二是宣传设施建设。社区要设置固定的防灾减灾宣传栏或橱窗。三是设置预警广播系统，并定期维护和调试。四是应急物资储备。社区要储备包括救援工具（如铁锹、担架、灭火器等）、广播和应急通信设备（如喇叭、对讲机、警报器等）、照明工具（如手电筒、应急灯等）、应急药品和生活类物资（如棉衣被、食品、饮用水等）在内的必要的应急物资；要鼓励和引导居民家庭配备包括逃生绳、收音机、手电筒、口哨、灭火器、常用药品等在内的防灾减灾用品。

三、社区减灾的管理

社区减灾管理是指，社区减灾主体组织并利用其各个要素（人、财、物、信息和时空），借助管理手段，完成组织目标的过程。从社区综合减灾示范模式政策文本的描述中我们可以看到，社区减灾管理包含了三个方面的具体内容。一是社区减灾的组织管理，其内容主要是成立机构（即社区综合减灾工作领导机构）、建立制度和机制（即制定社区综合减灾规章制度和建立社区综合减灾工作机制）以及资金管理（即对各种渠道筹集的社区防灾减灾建设资金的管理）。二是社区减灾的日常管理,其内容主要是建立综合减灾绩效考核工作制度和有关人员日常管理等制度措施,定期对隐患监测、应急预案、脆弱人群应急救助等各项工作进行检查,定期对综合减灾工作开展评估并针对问题进行整改。三是社区减灾的档案管理,其内容是建立规范、齐全,有文字、照片、音频、视频等信息的社区综合减灾档案。

四、社区减灾的标准

如果说社区减灾的内容主要是告诉人们可以从哪些方面来开展社区减灾工作,那么社区减灾的标准则是要告诉人们开展这些工作应做到怎样的程度或应达到什么样的要求。在政策文本的规定中,社区减灾工作的标准主要包括三个方面的具体内容。第一个是检验社区减灾效果的基本标准。这一标准主要包括三项基本指标,即社区近三年内没有发生因灾造成的较大事故,具有符合社区特点的应急预案并经常开展演练活动,社区居民对社区综合减灾状况的满意率高于70％。第二个是检验社区减灾特色的创建标准。这一标准主要包括五个方面,即具有调动社区参与主体参与社区减灾的方式方法,具有独到的社区减灾经验或方法,现代技术手段在社区综合减灾中的应用,灾害保险等风险分担机制的引入,具有地方特色的防灾减灾宣传教育活动。第三个是检验社区减灾工作的具体标准。这些具体标准是对社区减灾工作的细化,并被赋予不同的分值。它们与创建标准一起,形成了由10个一级指标、30个二级指标和60条评定标准构成的《全国综合减灾示范社区标准》(参见附录1.3)。

第二节　社区减灾模式的基本特征[①]

特征是指可以作为人或事物特点的征象、标志等[②],是人们识别和区分

---

①　本节部分内容作为项目成果发表在《中国减灾》2017 年第 8 期。参见佴锡金:《社区综合减灾示范模式的特征和影响分析》,载《中国减灾》2017 年第 8 期,第 10—12 页。

②　中国社会科学院语言研究所词典编辑室:《现代汉语词典》(第 6 版),北京:商务印书馆 2012 年版,第 1275 页。

事物的重要基础。作为植根于中国这一特定环境下的社区减灾模式,社区综合减灾示范模式必然具有其自身的独有特征。这些特征对人们更好地认识社区综合减灾示范模式具有十分重要的意义。然而,社区综合减灾示范模式的特征究竟有哪些,并没有一个统一的答案。研究者从各自不同的角度,归纳和总结了这一模式特征的不同方面。在所有这些研究中,两个研究团队的研究成果为我们总结和归纳社区综合减灾示范模式的特征提供了十分有益的启示。

一个是以民政部国家减灾中心周洪建博士为主的研究团队,他们根据《全国综合减灾示范社区标准》的内容,将社区综合减灾示范模式的特点概括为五个方面:一是关注社区弱势群体与外来人口。示范社区灾害主体不仅包括本社区居民,还包括外来人口和社区内的老弱病残孕等脆弱人群;更重要的是,示范社区成立了社区减灾领导机构和执行机构,有分工明确的专门工作小组,充分发挥社区合力应对灾害。二是社区管理人员与社区居民分工明确,共同参与社区的减灾工作。社区灾害管理机构及社区居民、外来人口都是社区建设的参与者,管理机构是社区减灾活动的主要策划者和组织者,而社区居民及外来人员则是灾害风险评估、灾害巡查、转移安置、物资保障、灾情上报等的主要执行者。三是居民是示范社区管理的主体。示范社区管理与执行人员绝大多数来自本社区,清楚社区的基本情况和未来的建设需求,同时建立管理考核制度,接受社区居民和社会人员监督,保证社区重大事项中居民的参与决策权。四是统筹考虑突发公共事件,编制综合灾害风险地图。在灾害风险评估理论的支持下,社区的灾害管理机构和居民从灾害风险隐患(致灾因子危险性分析)、社区脆弱人员和住房(脆弱性分析)两个方面开展清查与评估,绘制社区灾害风险地图。值得一提的是,示范社区灾害风险评估不仅考虑自然灾害风险,而且统筹考虑事故灾难、公共卫生事件和社会安全事件的风险。五是示范社区立足于"长期减灾与可持续发展"理念实施减灾。示范社区在考虑近期减灾的同时,通过开展社区减灾宣传教育与培训、社区防灾减灾基础设施建设、居民减灾意识与技能提升等诸多措施,从长远角度降低社区整体脆弱性,提高社区居民应对灾害的能力,建立安全、可抵御灾害、可持续发展的社区。[①]

另一个是以北京师范大学史培军教授为主的研究团队,他们以截止到2010年年底获得"全国综合减灾示范社区"称号的社区为分析对象,将城乡社区综合减灾示范模式的共同特点概括为以下四个方面:其一是突出强调"综合减灾"的指导方针,把备灾、应急、恢复与重建整合为一体,把安全设防、救灾救济、应急管理与风险转移整合为一体,形成一个在社区水平上的"综合防灾减灾的结构与功能一体化的体系";其二是突出社区管理"以人为本"的宗旨,通过"加强领导、健全组织机构,制定制度、落实工作责任,强化管理、建设志愿者队伍"的三大举措,构建社区防灾减灾工作的新格局;其三是突出社区防灾减灾工作意识培养为先的准则,通过"注重活动宣传、注重活动培训、注重载体宣传"的"三大注重",营造社区防灾减灾工作的大气候;其四是突出社区防灾减灾能力提升的目标,通过"结合治安联防,建立治安防范系统;结合日常演练,提高防灾自救能力;结合物资配备、建设紧急救援庇护中心"的"三大结合",筑造社区防灾减灾工作的全网络。[②]

这些研究从不同方面反映了社区综合减灾示范模式特点的征象,不仅有助于我们更好地认识社区综合减灾示范模式,还为我们从其他角度提炼和总结社区综合减灾示范模式的基本特征提供了参考和借鉴。

事实上,在前文对社区综合减灾示范模式概念和内容的分析中,我们也在不同程度上涉及了社区综合减灾示范模式特征的具体内容。在这里,我们将社区综合减灾示范模式的基本特征概括为"政府主导性、减灾综合性、主体多元性和发展差异性"四个方面。

一、政府主导性

正如我们在概述一章所言,社区综合减灾示范模式是由国家减灾机构以公共政策方式自上而下推动的一种社区减灾模式。自出台伊始,社区综

[①] 参见周洪建等:《社区灾害风险管理模式的对比研究——以中国综合减灾示范社区与国外社区为例》,载《灾害学》2013年第2期,第121—122页。

[②] 史培军、耶格·卡罗等:《综合风险防范——IHDP综合风险防范核心科学计划与综合巨灾风险防范研究》,北京:北京师范大学出版社2012年版,第178—179页。

合减灾示范模式便具有鲜明的政府主导性特征。这可以从以下三个方面加以理解：

其一，无论是 2007 年以民政部名义出台的减灾示范标准，还是 2010 年、2013 年两次修订后以国家减灾委办公室名义出台的减灾示范标准，都是中国社区减灾政策制定主体依照法定程序制定的社区减灾政策。也就是说，社区综合减灾示范模式的标准本身即是一项公共政策，具有公共政策的共有特性。公共政策是政府依据特定时期的目标，在对社会公共利益进行选择、综合、分析和落实的过程中所制定的行为准则。① 在这一行为准则的制定中，政府的主导作用是显而易见的。不仅如此，在社区减灾政策的发展过程中，高层政策制定者对其发展的推动最为强大，因为"组织体制所赋予他们的行政权力和资源支配力足以让其有足够的力量来推动社区减灾政策的发展"②。可见，作为高层政策制定者的国家减灾委和民政部，不仅在政策的制定中发挥主导作用，在推动社区综合减灾示范模式的发展中同样发挥着主导作用。

其二，《全国综合减灾示范社区创建管理暂行办法》③对全国综合减灾示范社区创建原则、承担主体及相关职责的规定，表明了创建活动事实上是政府主导下开展的一项减灾工作。并且，在这一工作中，国家减灾委、民政部、地方各级人民政府或人民政府的减灾综合协调机构、地方各级民政部门发挥了主导性的组织和领导作用。而在之前出台的《关于加强城乡社区综合减灾工作的指导意见》④，也要求地方各级人民政府加强对社区综合减灾工作的组织领导，将其作为履行社会管理和公共服务职能的重要内容。不仅如此，地方的政策同样体现了社区综合减灾示范模式的政府主导特征。比

① 陈庆云：《公共政策分析》，北京：中国经济出版社 1996 年版，第 9 页。
② 参见俸锡金等：《社区减灾政策分析》，北京：北京大学出版社 2014 年版，第 46—57 页、第 144 页。
③ 即《民政部关于印发〈全国综合减灾示范社区创建管理暂行办法〉的通知》（民函〔2012〕191 号），详细内容见附录 1.5。
④ 即国家减灾委 2011 年 6 月 15 日发布的《关于加强城乡社区综合减灾工作的指导意见》（国减发〔2011〕3 号），详细内容见附录 1.4。

如,《山东省综合减灾示范社区创建管理办法》①第三条就开宗明义地提出"省综合减灾示范社区创建工作坚持政府主导"的原则。一项关于社区减灾模式的研究也表明,现阶段地方政府依然是社区防灾减灾中的主要行动主体,也是最为重要的行动主体。从法律法规的出台、制度政策的制定、社区防灾减灾规划和行动方案的制定到人财物的投入,目前都是由地方政府来包办。②

其三,为推进社区减灾模式的发展,中央和地方政策制定者出台了一系列由规划、指导意见、办法等构成的保障性政策体系。③ 从综合减灾示范社区创建的实践来看,这些保障性政策的制定和执行,不仅为社区综合减灾示范模式的发展提供了强大的政策推动力,也让其具有鲜明的政策推动性特征(参见背景资料)。而公共政策是政府进行公共管理的重要手段,政府必然会在公共政策的制定和执行中发挥主导作用。所以,从这一角度上说,社区综合减灾示范模式的政策推动性特征是政府主导性特征最重要和最直接的体现。

▶ **背景资料**

综合减灾示范社区创建的政策推动

《国家减灾委员会关于加强城乡社区综合减灾工作的指导意见》于 2011 年 6 月印发各地后,北京、天津、河北、辽宁、上海、江西、青海等省(市)结合本地工作实际,制定出台省级指导意见。北京市制定出台《综合防灾减灾社区标准(试行)》,从组织管理、应急准备、设备设施和评估完善等方面进行了规范和细化。安徽省合肥市印发《综合减灾示范社区创建活动实施办法》,结合各县(区)实际,合理确定创建目标,逐项分解落实任务;淮南市制定出台《创建"全国综合减灾示范社区"实施方案》《社区(村委)防灾减灾能力建设

---

① 山东省民政厅网站,http://www.sdmz.gov.cn/articles/ch00174/201212/025e2520-1470-4a9a-8a18-e3ac1b017c1c.htm,详细内容见附录 2.3。

② 朱永等:《新时期广西社区防灾减灾模式研究》(2016 年),该研究报告为 2016 年民政部政策理论研究部级课题成果。

③ 对于这些政策感兴趣的读者可参阅本书第四章第一节"政策保障机制"的相关内容。

发展规划》《以奖代补创建奖励制度》《社区减灾工作计划》等一系列制度文件,形成主次分明、规范有序的制度体系,做到目标、责任、任务三落实。北京、黑龙江、江苏、安徽、湖北、湖南、重庆、江苏、宁夏等省、自治区和直辖市开展省级(市级)综合减灾示范社区创建工作,同时注重把好创建工作质量关,部分省、自治区和直辖市明确规定只有获得省级综合减灾示范社区资格后,才能继续申报全国综合减灾示范社区。黑龙江省确定了"逐级推荐,层级选拔,全面铺开"的减灾示范社区创建思路,省、市、县逐级确定创建目标,规定推荐为上一级命名对象的只能从下一级已命名对象中遴选,通过层级选拔、互检评定、掐尖选优的程序,极大地提高了综合减灾示范社区创建质量。

资料来源:来红州等:《关于全国综合减灾示范社区创建工作的调研报告》(内部报告),2012 年。

二、减灾综合性

在我国,减灾是一个大减灾和综合减灾的概念。这一概念在时间序列上涵盖了灾害发展的各个阶段,即灾前、灾中和灾后;在种类上涵盖了自然灾害的各种类型;在减灾措施上涵盖了减灾所需的各种手段和各类资源。而大减灾和综合减灾是社区减灾的题中应有之义。[①] 所以,社区综合减灾示范模式必然具有综合性减灾的鲜明特征。这可以从以下两个方面加以说明:

其一,在社区综合减灾示范模式中,灾害不仅仅包括各种自然灾害,同时还包括事故灾难、公共卫生事件和社会安全事件。这不仅在 2013 年修订后的标准条文中得以明确,在国家综合减灾示范模式的创建实践中,社区也往往将四类公共事件统筹应对。这在第一章"社区减灾模式概述"的"概念基础"部分进行了较为详细的叙述和分析,这里不再赘述。

其二,在我国现有的公共政策决策与执行结构下,作为我国综合减灾范式的"四个统筹"是确定具体政策应采取的态度、应依据的假设和应遵循的

[①] 参见俸锡金等:《社区减灾政策分析》,北京:北京大学出版社 2014 年版,第 4—5 页。

指导原则。作为一项具体的社区减灾政策,综合减灾示范社区创建必然也会遵循和体现以综合减灾为核心思想的"四个统筹"的基本原则。从前面对社区减灾模式的内容分析以及后面章节对社区减灾模式运行机制和具体案例的分析中,我们都能看到这一原则在社区综合减灾示范模式中的具体体现。

三、主体多元性

社区减灾本质上是一项公共管理活动,其主体是由政府和其他公共组织共同构成的多元开放体系。[①] 作为一项特殊的公共管理活动,全国综合减灾示范社区创建活动的主体同样是由不同主体构成的多元体系。从前面对社区减灾模式参与主体和后面对社区减灾模式运行机制的分析中可以看到,社区综合减灾示范模式具有十分鲜明的主体多元性特征。这一特征主要体现在创建主体的多元性和参与主体的多元性两个方面。

创建主体的多元性主要是指参与综合减灾示范社区创建活动的政府部门的多元性。从第四章专栏4.2的内容中我们可以看到,无论是中央还是地方,在联席会议等协调机制下,多个政府部门参与了社区综合减灾工作,体现了创建主体的多元性特征。

参与主体的多元性主要是指参与到社区减灾活动中的主体的多元性。从前面对《全国综合减灾示范社区标准》的文本分析中可以看到,社区减灾的参与主体包括了社区综合减灾工作领导小组、社区居民、志愿者或社工、社区内的企事业单位、社区内的学校、社区内的医院以及社区内的各类社会组织等七类主体(见图3.2),几乎涵盖了社区的所有主体,体现了参与主体的多元性特征。

四、发展差异性

尽管全国综合减灾示范社区创建是一项由国家减灾机构出台的公共政策,但由于这一政策在属性上是一种倡导性政策,对是否必须创建全国综合

---

① 参见俸锡金等:《社区减灾政策分析》,北京:北京大学出版社2014年版,第7—8页。

减灾示范社区并没有强制规定。也就是说,地方可以依据各自的实际来把握全国综合减灾示范社区创建的节奏。而各地经济水平、人口结构、灾害特点等实际情况各不相同,创建的意愿和能力也不一样。所以,全国综合减灾示范社区在区域和城乡分布上呈现出明显的差异性特征(见表3.1)。

表 3.1　全国综合减灾示范社区区域和城乡分布

东部地区				中部地区				西部地区			
省份	城市社区	农村社区	合计	省份	城市社区	农村社区	合计	省份	城市社区	农村社区	合计
北京	356	56	412	山西	138	37	175	内蒙古	133	48	181
天津	114	18	132	吉林	220	32	252	广西	120	56	176
河北	299	57	356	黑龙江	229	72	301	重庆	100	83	183
辽宁	221	40	261	安徽	180	139	319	四川	171	419	455
上海	147	109	256	江西	135	213	348	贵州	85	123	208
江苏	313	167	480	河南	227	84	311	云南	77	89	166
浙江	373	237	610	湖北	294	177	471	西藏	8	18	26
福建	115	89	204	湖南	239	189	428	陕西	140	81	221
山东	322	117	439					甘肃	141	108	249
广东	425	364	789					青海	43	65	108
海南	26	50	76					宁夏	56	35	91
大连	106	9	115					新疆	128	70	198
宁波	127	37	164					兵团	119	0	119
青岛	90	9	99								
厦门	56	16	72								
深圳	117	0	117								
合计	3 207	1 375	4 582	0	1 662	943	2 605	0	1 321	1 060	2 381

　　说明:1. 表中的中、东、西部地区参照国家发展改革委划分方案。2. 截至2016年12月,共命名全国综合减灾示范社区9 568个,其中,东部地区4 582个,中部地区2 605个,西部地区2 381个;城市社区6 190个,农村社区3 378个。3. 本表根据民政部救灾司减灾处提供的2008—2016年各年度"全国综合减灾示范社区"名单进行统计得到的数据制作;大连、宁波等计划单列市和新疆生产建设兵团(简称"兵团")按照省级单位统计。

　　从总体分布上看,现有的全国综合减灾示范社区在创建数量上,沿海地区明显多于内陆地区,城市明显多于农村,绝大多数内陆山区农村社区基本没有开展相关活动;在创建质量上,不同区域之间和城乡之间也存在较大的差异。[①]

从区域分布上看，东中西地区差异明显。截止到 2016 年 12 月，东部地区 16 省（市）共创建 4 582 个（占 48%），几乎占全国示范社区总量的一半；中部和西部地区基本持平，其中中部地区共创建 2 605 个（占 27%），西部地区共创建 2 381 个（占 25%）。

从城乡分布上看，绝大多数示范社区在城市，农村示范社区数量相对较少，其中一些省份农村示范社区比例不足 20%。截止到 2016 年 12 月，城市社区 6 190 个（占 65%）、农村社区 3 378 个（占 35%）；农村示范社区不足 20% 的省份有 5 个，包括：北京（14%）、天津（14%）、河北（16%）、辽宁（15%）、吉林（13%）。

此外，发展的差异性不仅仅体现在区域和城乡分布方面，还体现在综合减灾示范模式创建的特色方面，"社区的数量之多，分布之广，灾害的不同时空分布和各地经济社会发展水平不同，决定了每个社区的资源禀赋和灾害风险的不一样，也决定了每个社区的减灾不可能'千人一面'"[②]。所以，在全国综合减灾示范社区标准的制定之初，政策制定者便将创建特色作为创建的标准之一，在 2010 年和 2013 年的修订版本中继续保留并进一步完善了这一标准。各地在社区综合减灾示范模式的运行过程中，结合社区特点和灾害风险状况，也开展了各具特色的减灾活动（见专栏 3.1），呈现出创建模式的差异性特征。

专栏 3.1

强调因地制宜，突出地方特色

各地在全国综合减灾示范社区创建过程中，充分考虑社区特点和风险状况，将本土知识和现代技术手段有机结合，注重调动居民参与防灾减灾的积极性，注重经验分享和推广，注重做好外来人员减灾教育，着力打造特色

---

① 殷本杰：《转变观念　真抓实干　推动全国社区减灾工作迈上新台阶——在 2016 年全国社区减灾工作座谈会上的讲话》（内部资料），资料来源于民政部救灾司减灾处。

② 俸锡金等：《社区减灾政策分析》，北京：北京大学出版社 2014 年版，第 9 页。

减灾示范社区。北京市在全国率先推出了社区预警通讯传输系统,2012 年在 5—6 个全国综合减灾示范社区内试点安装使用;依托市政务地理空间信息平台,建立了社区防灾减灾电子地图系统,实现了社区应急管理精细化、信息化和网络化。黑龙江省加强地震带防震、沿江防洪、老区防火等减灾社区建设,运用计算机网络、小区监控等现代技术,打造了一批有特色的减灾社区典型。哈尔滨市道里区河松社区将灾害隐患列入电子监控范围,设置了减灾网页,开辟了防灾减灾博客,居民足不出户就能学习防灾知识;道外区升平社区针对老社区砖木房屋多、人口稠密、空间狭小,易发生火灾的特点,给每个院落都安装了一部报警电铃,97% 的场所配备了灭火器材,86% 的居民家中配备了逃生绳等设备。广东省佛山市季华社区根据社区地理位置和居民分布情况,组织 700 余名志愿者开展社区综合减灾志愿服务,通过参加"全市灾害信息员从业资格培训班"获得五级灾害信息员资格证书,提升社区工作人员的整体素质和应急反应能力;珠海市洪湾社区根据火灾、台风灾害多发的特点,购置了小型社区消防车,建设了布局合理、管理完善的专用应急避难场所。

资料来源:来红州等:《关于全国综合减灾示范社区创建工作的调研报告》(内部报告),2012 年。

青岛、烟台、威海、日照、滨州等部分地区将"网格化管理、楼栋长负责、居民全员参与"的城市社区管理模式成功移植到防灾减灾工作中,科学划分网格范围,网格长负责所辖区域的防灾减灾工作,动员网格内志愿者、社会组织及专业力量等深入到街巷小区、居民家庭,开展防灾减灾宣传教育、应急避险等活动,形成"社区→网格→家庭"纵向管理网络,实现"科学减灾、精准救灾",提升社区综合减灾的科学化水平。

资料来源:山东省民政厅救灾处在 2016 年全国社区减灾工作座谈会上的发言材料:《山东省综合减灾示范创建情况汇报》(内部资料),2016 年12 月。

第四章
社区减灾模式的运行机制

作为一种由中央政府自上而下推行的社区减灾模式,社区综合减灾示范模式的形成和发展始终离不开中央和地方的政策推动。自 2007 年社区综合减灾示范模式推行以来,由减灾规划和具体政策构成的政策体系,为它的发展提供了良好的政策保障。

由于政策保障条件的设立并不意味着它具有必然的刚性约束,也不等于它会自动实现,所以,各地在综合减灾示范社区的创建实践中,通过争取财政投入、利用公益金、统筹各类资源等方式,积极探索社区综合减灾的资金投入机制。

社区减灾的主体是一个多元参与的结构体系。在这一结构体系中,各参与主体依照达成的协议或构建的机制参与社区减灾工作,并形成主体之间的互动关系。

正如诺顿·朗所言"不能只靠查阅美国宪法、立法条文或者某一单位的正式领导层次的图表了解到权力的本质"①一样,对社区综合减灾示范模式的理解,也不能仅仅停留在对政策文本条文的

---

① 转引自 R.J.斯蒂尔曼:《公共行政学(上册)》,李方、杜小敬等译,北京:中国社会科学出版社 1988 年版,第 208 页。

字面理解上,它还需要我们对在条文背后支撑模式运行的各种机制的了解。按照《现代汉语词典》的解释,机制是指一个工作系统的组织或部分之间相互作用的过程和方式。① 在大的环境系统中,模式一旦建立,必然会形成自身运行的机制并按照一定的轨迹运行下去。作为一种特殊的模式,社区综合减灾示范模式的运行也是如此。在将近十年的发展中,社区综合减灾示范模式逐步形成了自身运行的各种机制。在这一章,我们着重描述和分析支撑社区综合减灾示范模式运行的政策保障机制、综合协调机制、资金投入机制和主体参与机制这四个主要的机制。

第一节　政策保障机制

对于一个由政府主导推行的模式而言,公共政策必然会成为政府推动其运行的重要手段。从我国社区综合减灾示范模式的发展实践来看,其发展与防灾减灾政策的推动密不可分。作为一种由中央政府自上而下推行的社区减灾模式,社区综合减灾示范模式的形成和发展始终离不开中央和地方的政策推动。自 2007 年社区综合减灾示范模式推行以来,由减灾规划和具体政策构成的政策体系(见图 4.1),为它的发展提供了良好的政策保障。

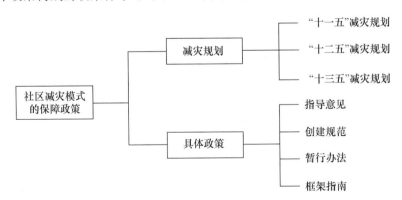

图 4.1　保障社区减灾模式发展的政策体系

---

① 中国社会科学院语言研究所词典编辑室:《现代汉语词典》(第 6 版),北京:商务印书馆 2012 年版,第 597 页。

一、减灾规划

减灾规划是减灾的战略性政策,它为减灾工作的实施提供了相当一段时期的宏观性政策保障。自"十一五"国家综合减灾规划以来,每一部国家防灾减灾规划都将综合减灾示范社区的创建纳入它的总体目标,并在主要任务和工程建设等部分提出社区综合减灾的具体内容。

《国家综合减灾"十一五"规划》将"创建 1 000 个综合减灾示范社区,85％的城乡社区建立减灾救灾志愿者队伍,95％以上的城乡社区有 1 名灾害信息员,公众减灾知识普及率明显提高"作为六项规划目标之一,把"加强城乡社区减灾能力建设"作为八项主要任务之一,并将"社区减灾能力建设示范工程"作为八大项目之一;《国家综合防灾减灾规划(2011—2015 年)》延续了社区减灾能力建设的战略目标,把"创建 5 000 个'全国综合减灾示范社区',每个城乡基层社区至少有 1 名灾害信息员"作为八项规划目标之一,把"加强区域和城乡基层防灾减灾能力建设"作为十项主要任务之一,并把"综合减灾示范社区和避难场所建设工程"作为八大项目工程之一;《国家综合防灾减灾规划(2016—2020 年)》再次延续了社区减灾能力建设的战略目标,把"创建 5 000 个'全国综合减灾示范社区',开展综合减灾示范县(市、区)创建试点工作。全国每个城乡社区确保有 1 名灾害信息员"作为九项规划目标之一,并将"加强区域和城乡基层防灾减灾救灾能力建设"作为十项主要任务之一。

地方的防灾减灾规划同样把综合减灾示范社区创建和社区综合减灾能力建设纳入其中。比如,《江西省综合防灾减灾规划(2011—2015 年)》把"每个城乡社区都有一支减灾志愿者队伍和 1 名灾害信息员,创建 3 900 个国家级和省级综合减灾示范社区"作为八项总体目标之一,把"推进基层防灾减灾工作,继续开展综合减灾示范社区创建活动"纳入规划的主要任务,把"实施全省城乡社区综合减灾工程,到'十二五'期末,全省城乡社区中 20％以上的社区达到国家和省级减灾示范社区标准,减灾救灾能力显著提升"作为综合减灾备灾工程的重要内容①;《四川省"十二五"防灾减灾规划》把"建设综合减灾示范社区 200 个以上,每个城乡基层社区确保有 1 名灾害信息员"列入规划目标之一,并将"综合减灾示范社区建设工程"作为综合减灾重点工程的重要内容,提出"按照全国综合减灾示范社区创建标准,在全省建设综合减灾示范社区 200 个以上。城乡社区内应建立居民就近紧急疏散和临时安置的避难场所"②;《福建省"十三五"综合防灾减灾专项规划》把"创建 200个全国综合减灾示范社区"纳入规划发展目标的第九项目标即"综合减灾保障目标"和"福建省'十三五'综合防灾减灾专项规划滚动管理能力提升工程项目"第 16 项目即"全省防灾减灾基础设施建设项目"的重要内容,并将"推进全国综合减灾示范社区"纳入规划建设任务的第九项任务即"综合减灾保障体系"的内容之一。③

可见,无论是在国家层面还是在地方层面,综合减灾示范社区的创建在战略层面达成了共识,并将其纳入了防灾减灾规划的重要内容。这无疑为社区综合减灾示范模式的发展提供了战略性政策保障。

二、具体政策

具体政策是国家法定主体所制定的引导和规范社区减灾模式发展的行为准则。在我国社区综合减灾示范模式的发展中,《关于加强城乡社区综合减灾工作的指导意见》《全国综合减灾示范社区创建规范》④《全国综合减灾示范社区创建管理暂行办法》《行政村(社区居委会)制定和修订自然灾害救

---

① 参见《江西省人民政府办公厅关于印发江西省综合防灾减灾规划(2011—2015 年)的通知》(赣府厅发〔2011〕75 号),江西省人民政府门户网站,http://www.jiangxi.gov.cn/zzc/ajg/sbgt/201409/t20140926_1074899.htm。

② 参见《四川省人民政府办公厅关于印发四川省"十二五"防灾减灾规划的通知》(川办发〔2011〕75 号),四川省人民政府门户网站,http://www.sc.gov.cn/10462/10883/11066/2011/11/24/10190761.shtml。

③ 参见《福建省人民政府办公厅关于印发福建省"十三五"综合防灾减灾专项规划的通知》(闽政办〔2016〕68 号),福建省人民政府门户网站,http://www.fujian.gov.cn/fw/zfxxgkl/xxgkml/jg-zz/nlsyzcwj/201605/t20160519_1171017.htm。

④ 即 2011 年 12 月 12 日民政部发布的《全国综合减灾示范社区创建规范》(MZ/T026-2011)。

助应急预案框架指南》①这四项具体政策对模式发展的推动可谓是功不可没。可以说，不了解这四项具体政策，就难以完整地了解中国的社区减灾模式。在这里，我们从政策推动和保障这一视角，逐一描述和分析这四项基本政策。

《关于加强城乡社区综合减灾工作的指导意见》（以下简称《指导意见》）是在社区综合减灾示范模式推行四年并经历 2010 年修订之后出台的一项重要政策。这一政策强调了加强城乡社区综合减灾工作的重要性，即"加强城乡社区综合减灾工作是适应全球气候变化、减少灾害风险、减轻灾害损失的迫切需要，是提升政府公共服务水平的重要举措，是强化基层应急管理、建设安全和谐社区的重要内容"；肯定了我国城乡社区综合减灾工作的成就，即"经过长期不懈努力，我国城乡社区防灾减灾工作取得较大成效，群众防灾减灾意识不断提高，社区综合减灾能力逐步增强"；提出了由"三项总体要求、五项主要目标、八项主要任务和四项保障措施"构成的具体意见。② 这项经国务院同意后出台的《指导意见》，目的是要解决"一些地方仍存在对社区综合减灾工作重视不够、指导不力、投入不足等问题"，以及为"深入落实党中央、国务院关于加强基层应急管理、强化基层应急队伍建设等决策部署，进一步做好城乡社区综合减灾工作"。从我国社区减灾的实践来看，这一政策的出台和实施，对推动和保障综合减灾示范社区的创建和社区综合减灾工作的发展产生了十分重要的作用。

《全国综合减灾示范社区创建规范》（以下简称《创建规范》）由民政部于2011 年 12 月 12 日正式批准发布，目的是要以行业标准来规范全国综合减灾示范社区的创建工作。这项行业标准以 2010 年修订的《全国综合减灾示范社区标准》为基础，由民政部救灾司和国家减灾中心共同编写，编写过程中广泛征求了有关部门、地方、高校、科研院所和专家的意见，体现了行业标准的规范性、协调性、普适性和实用性原则。这项行业标准，对规范全国综

---

① 即《民政部关于加强自然灾害救助应急预案体系建设的指导意见》（民发〔2008〕191 号）附件3《行政村（社区居委会）制定和修订自然灾害救助应急预案框架指南》，参见民政部门户网站，http://www.mca.gov.cn/article/zwgk/fvfg/jzjj/200812/20081210024624.shtml。

② 关于三项总体要求、五项主要目标、八项主要任务和四项保障措施的具体内容，请读者参阅《国家减灾委关于加强乡社区综合减灾工作的指导意见》（附录 1.4）。

合减灾示范社区创建工作、推进我国城乡社区综合减灾工作规范化发展起到了积极的促进作用。

《全国综合减灾示范社区创建管理暂行办法》（以下简称《暂行办法》）是一项操作性非常强的政策，目的是要明确全国综合减灾示范社区如何申报和如何管理。如果说，前面两项政策强调的是"做什么"的问题，那么《暂行办法》强调的则是"怎么做"的问题。《暂行办法》与《指导意见》《创建规范》具有一脉相承的内在逻辑关系。《暂行办法》第一条就开宗明义地提出，贯彻落实《指导意见》是制定本办法的目的之一，并在第二条提出全国综合减灾示范社区创建要依据《创建规范》，在第三条提出申报全国综合减灾示范社区的社区应满足《创建规范》提出的有关基本要素。而《暂行办法》最值得称道的是，它明确了创建工作的主体责任、申报的工作流程和后续的动态管理。可以说，这是《暂行办法》的最大亮点。

在创建工作的主体责任方面，《暂行办法》明确了中央和地方的承担主体及相关职责。按照《暂行办法》的规定，全国综合减灾示范社区创建管理工作在中央层面由国家减灾委统一领导，民政部和国家减灾委办公室负责指导、组织和协调工作；在地方层面由地方各级人民政府或者人民政府的减灾综合协调机构统一领导，地方民政部门负责做好本行政区域全国综合减灾示范社区候选单位的审查、验收和推荐工作，以及整合各方资源，拟订年度全国综合减灾示范社区创建工作计划，为创建工作提供必要的人力、资金和物资保障。

在工作流程方面，《暂行办法》用一章十条的篇幅，明确了申报的流程和每一环节的具体工作内容（见图4.2）。同时，《暂行办法》还明确了申报的三个基本原则，即"全国综合减灾示范社区的命名工作按年度进行，原则上每年一次；省级民政部门推荐上报的年度全国综合减灾示范社区候选单位中，农村（含牧区）社区的比例不低于20%（直辖市和计划单列市除外）；全国综合减灾示范社区在同一乡镇或街道的命名比例原则上不超过20%"。

在后续管理方面，《暂行办法》明确了动态管理和奖惩结合的原则。按照这一原则，对已命名社区实行年度抽查评估和满三年复核评估两种检查方式；对认定不合格的社区要求进行限期整改，经整改三个月内仍未达到

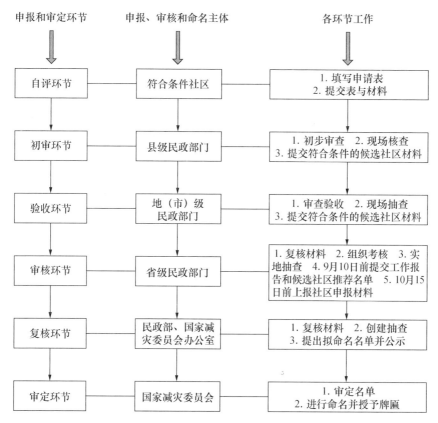

图 4.2　全国综合减灾示范社区申报和命名流程图

《全国综合减灾示范社区标准》的，撤销其全国综合减灾示范社区称号，收回牌匾；社区被撤销全国综合减灾示范社区称号后，自撤销称号之日起，三年内不得申报全国综合减灾示范社区。《暂行办法》还要求各级人民政府民政部门把全国综合减灾示范社区创建工作作为防灾减灾绩效考核的重要内容，建立健全工作评价和考核体系，并对创建工作中做出突出贡献的组织和个人给予表彰奖励。

　　《行政村（社区居委会）制定和修订自然灾害救助应急预案框架指南》（以下简称《框架指南》）并不是一个单独的政策，也不像前面三项政策一样，直接目的就是规范城乡社区的综合减灾工作。之所以也将其列为社区减灾模式保障政策的重要政策之一，就在于它对社区减灾模式的推动产生直接而重要的影响。一方面,在 2007 年制定的全国综合减灾示范社区的标准中,"制定社区灾害应急救助预案并定期演练"是其六项标准之一;在 2010 年修订的标准中,"具有符合社区特点的综合灾害应急救助预案并经常开展演练活动"成为申报的三项基本条件之一;在 2013 年修订的标准中,尽管将灾害应急救助预案修订为应急预案,但"具有符合社区特点的应急预案并经常开展演练活动"仍然作为申报的三项基本条件之一。由此可见,预案建设在综合减灾示范社区标准中的地位之重。另一方面,《框架指南》作为《民政部关于加强自然灾害救助应急预案体系建设的指导意见》的一个附件,其目的和母体政策一样,都是推动建立"横向到边,纵向到底"的应急预案体系和提高应急预案的可操作性。而这一点恰恰与《全国综合减灾示范社区标准》对应急预案的要求高度契合,成为社区综合减灾示范模式发展的重要推力。

在我国公共政策决策与执行的实际结构是党政结构与宪政结构的混合结构①的条件下,中央的政策具有很强的权威性,地方各级政府和政府部门都必须加以贯彻执行。地方通常会结合本地的实际,在保持中央政策原则精神和刚性指标不变的前提下,通过对上级政策的再决策确保其在本行政区域的贯彻执行。比如,《指导意见》出台后,北京市人民政府制定了《关于加强本市城乡社区综合减灾工作的指导意见》(京政发〔2012〕24 号),从组织管理、应急准备、设备设施和评估完善等方面进行了规范和细化。② 此外,中央的政策对地方具有很强的示范性和引导性,"他们制定政策所体现的价值选择和政策范式都会对下级组织产生积极的示范和深远影响。纵然是下级组织结合所辖区域特点制定的社区减灾政策,也都能够或多或少地看到这些价值和范式的影响"③,地方往往会按照相同的政策模式来制定本行政区域的减灾政策,并结合本地的实际对一些具体内容进行细化。比如,《暂行办法》出台后,山东省参照《暂行办法》的模式出台了《山东省综合减灾示范社区创建管理办法》,对省级综合减灾示范社区的组织领导、申报程序和后

---

① 参见徐颂陶等:《走向卓越的中国公共行政》,北京:中国人事出版社 1996 年版,第 81—121 页。

② 详细内容参见附录 2.1。

③ 俸锡金等:《社区减灾政策分析》,北京:北京大学出版社 2014 年版,第 144 页。

续管理进行规范,并对在何种情况下撤销省级综合减灾示范社区的称号和收回牌匾进行了更为详细的规定(专栏 4.1)。而这一点在《暂行办法》中则是比较原则的规定。

专栏 4.1

《山东省综合减灾示范社区创建管理办法》 关于撤销称号的相关条文

第十五条 全省综合减灾示范社区出现以下情况之一的,由省减灾委员会和民政厅撤销其称号,并由县级减灾委员会或民政部门负责收回牌匾。

(一) 社区遭受突发自然灾害,因人为疏忽或过失,造成防范不力、应对不足,导致 1 人以上(含 1 人)死亡(含失踪)的;

(二) 社区遭受突发事故灾难、公共卫生事件,因人为疏忽或过失,造成防范不力、应对不足,导致 1 人以上(含 1 人)死亡(含失踪)的;

(三) 由市级民政部门下发整改通知或省级减灾委员会办公室抽查认定不符合标准的社区,经整改后,在规定期限内仍未达到《山东省综合减灾示范社区标准》的。

资料来源:山东省民政厅网站,http://www.sdmz.gov.cn/articles/ch00174/201212/025e2520-1470-4a9a-8a18-e3ac1b017c1c.htm。

中央政策的权威性和示范性,保证了由减灾规划和具体政策构成的政策体系的执行效力和总体目标的一致性,形成了保障和推动社区综合减灾示范模式发展的强大动力。

第二节　综合协调机制

社区减灾是一项涉及多方主体的公共管理活动,主体之间的协作配合和良性互动是其有效开展的必要条件。所以,在社区综合减灾示范模式的运行中,建立综合协调机制也就成为公共管理者的必然选择。从我国社区综合减灾示范模式建立和发展的实际情形来看,综合协调机制主要包括创建协调机制和实施协调机制。

一、创建协调机制

创建协调机制主要是指,为推动社区综合减灾示范模式创建,在政府层面构建的工作机制。这一机制不仅在国家层面的政策中得到了明确,在地方层面的政策中同样得到了确立(见专栏 4.2)。这意味着,创建协调机制已经成为一种政策诉求。在社区综合减灾示范模式的创建实践中,各地普遍建立了"政府领导、民政部门牵头、有关部门配合、社会力量支持、群众广泛参与"的工作协调机制。在这一机制中,民政部门负责创建工作的统一部署、综合协调和组织实施,公安消防、城管、民防、地震、综治办等部门共同参与,充分发挥指导、支持和配合作用。[①]

专栏4.2

创建工作机制的政策规定

1. 国家层面的政策规定

要建立健全政府统一领导、民政部门牵头,发展改革、教育、公安、司法行政、财政、人力资源社会保障、国土、环保、住房城乡建设、水利、文化、卫生、安全监管、地震、气象、海洋、消防、民防、红十字会等部门和单位参与的联席会议等协调机制,及时解决社区综合减灾工作面临的困难和问题。

资料来源:国家减灾委 2011 年 6 月 15 日发布的《关于加强城乡社区综合减灾工作的指导意见》(国减发〔2011〕3 号)。

2. 北京市相关政策的规定

要建立健全政府统一领导、民政部门牵头,发展改革、教育、公安、司法行政、财政、人力社保、国土、环保、住房城乡建设、市政市容、水务、商务、文化、卫生、安监、广电、民防、地震、气象、海洋、消防、红十字会等部门和单位

---

① 参见来红州等:《关于全国综合减灾示范社区创建工作的调研报告》(内部报告),2012 年。

参与的联席会议等协调机制,及时解决社区综合防灾减灾工作面临的困难和问题,促进综合防灾减灾社区工作科学、有序开展,尽快提升社区综合防灾减灾的工作水平。

资料来源:北京市人民政府2012年7月31日发布的《关于加强本市城乡社区综合防灾减灾工作的指导意见》(京政发〔2012〕24号),载《北京市人民政府公报》2012年第16期。

▶ **背景资料**

广东省全国综合减灾示范社区创建工作机制

广东省高度重视全国综合减灾示范社区创建工作,每年在全国"防灾减灾日""国际减灾日"等重要节点,省减灾委领导深入城乡社区检查指导基层防灾减灾能力建设情况,对综合减灾示范社区创建等工作进行专门部署并提出具体要求。各级党委政府积极将综合减灾示范社区创建纳入重要议事日程,如东莞、清远等市将综合减灾示范社区创建列入市政府重点工作,制订了年度创建计划,其中东莞市建立了由市减灾委牵头,民政、气象、地震等三个部门组成的工作协调小组,负责全国综合减灾示范社区创建的组织协调、检查指导和督促落实工作,协调推进全国综合减灾示范社区、安全气象社区创建和社区防震减灾能力建设,江门市则将综合减灾示范社区与当地应急示范社区创建相结合,统筹推进机构建立、应急预案制定、志愿者队伍建设、防灾减灾宣传教育等工作,实现各类创建资源的有效整合。在广东省减灾委的统筹指导和各地的共同推进下,截至2016年年底,广东省共有906个社区(含深圳市)被国家减灾委、民政部命名为"全国综合减灾示范社区",数量位居全国前列。

资料来源:广东省民政厅提供。

二、实施协调机制

与创建协调机制不同,实施协调机制的主要目的是推动社区综合减灾示范模式在社区层面的运行。它是社区为确保综合减灾工作顺利实施而建立的工作机制。在国家出台的《全国综合减灾示范社区标准》(2013 年版)中,这一机制仅仅是作为原则性的标准要求(即"建立社区综合减灾工作机制")纳入社区减灾管理的内容之一。至于工作机制的内容是什么、如何来构建并不像创建协调机制那样在政策中明确地提出来,而是留给社区在综合减灾的实践中探索。

从综合减灾示范社区创建的实践来看,各个社区通常是通过建立社区减灾综合协调机构来发挥实施协调机制的重要作用。而由于社区类型的不同,社区减灾综合协调机构呈现出不同的组织形式。比如,同为以街道为社区单位的全国综合减灾示范社区,北京市朝阳区望京社区成立了"望京街道减灾应急委"作为社区减灾的领导机构,形成了"街道党政一把手亲自抓,分管领导直接抓,牵头科室具体抓,监察科室督办抓"的管理体系(见图 4.3),而上海市杨浦区新江湾城社区则成立了以街道主要领导为主任,分管领导为副主任,社区内派出所、城管中队、交警支队、消防中队等相关部门人员为成员的社区综合减灾工作领导小组,统一协调、全面负责社区综合减灾工作;同为以单位职工为社区居民主体的全国综合减灾示范社区,黑龙江省大庆市让胡路龙岗街道办事处旭园社区,以单位与社区相结合的矩阵方式,建立了由三级管理网络构成的社区减灾工作领导小组(图 4.4),而湖北省武汉市汉阳区国棉社区则成立了由社区党委书记担任组长,社区警务室、社区医疗队、辖区单位、物业服务公司等相关人员为成员的社区综合减灾工作领导小组。同为全国综合减灾示范社区的农村和城市社区,社区综合减灾领导小组的具体形式也不一样。比如,重庆市大足县龙水镇高坡村社区成立了以村党总支书记为组长、党总支副书记为副组长、其他村两委委员为成员的应急减灾工作领导小组,而湖南省长沙市东塘街道牛婆塘社区则成立了由社区专职工作者、企事业单位人员、专业技术人员、社区志愿者和居民代表共同组成的社区综合减灾领导小组。[①] 从历年申报全国综合减灾示范社区的材料来看,尽管社区综合减灾工作领导小组的具体形式各不相同,但基层

---

① 国家减灾委员会办公室:《"全国综合减灾示范社区"创建优秀经验选编》(内部资料),2010年12月。

党组织和社区法定自治组织是社区综合减灾的主导者这一点却是较为一致的,"在已经创办的全国综合减灾示范社区中,绝大部分社区也都是由社区党组织和社区居委会共同组成防灾减灾或应急管理机构,负责社区各项减灾政策的贯彻落实"[①]。

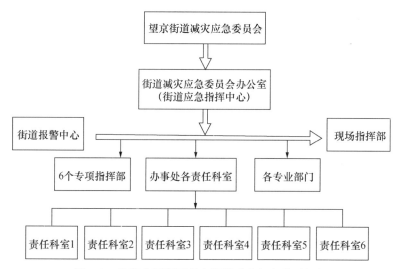

图 4.3　北京市朝阳区望京街道减灾组织体系框架

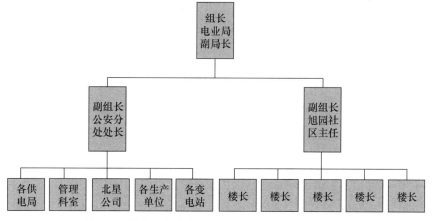

图 4.4　黑龙江省大庆市旭园社区减灾组织体系框架

①　俸锡金等:《社区减灾政策分析》,北京:北京大学出版社 2014 年版,第 81 页。

第三节　资金投入机制

作为一项自上而下推动的社区减灾模式,社区综合减灾示范模式的运行必然需要一定的资金投入。从我国综合减灾示范社区创建的实践来看,社区综合减灾示范模式的资金投入机制不仅在政策上有着较为明确的规定,在实践中也得到了积极的探索。

一、资金投入的政策规定

从我们梳理的文献资料来看,中央层面对综合减灾示范社区创建经费的政策规定主要体现在《指导意见》和《暂行规定》两项具体的政策文件中。《指导意见》第十二条提出了"加大社区综合减灾经费投入"的要求,并明确地方各级人民政府要建立健全社区综合减灾投入机制,将社区综合减灾经费纳入本级财政预算,对社区综合减灾基础设施、装备和基层应急救援队伍建设给予必要的经费支持和政策扶持,重点加大对多灾贫困地区的支持力度。《暂行办法》第六条则要求地方各级人民政府民政部门整合各方资源,拟订分年度全国综合减灾示范社区创建工作计划,为创建工作提供必要的资金保障。

在地方层面,各级政府对综合防灾减灾资金投入的政策规定也大致体现在贯彻落实《指导意见》的一系列政策文件中。在这里,我们以福建省为例,对此加以说明。《指导意见》发布后,福建省人民政府办公厅于 2011 年 7 月 30 日下发了转发《指导意见》的通知,提出贯彻执行《指导意见》的四点意见,并在第一条"完善组织协调工作机制"的意见中要求各级政府要加强组织领导,强化责任落实,加大经费投入,扎实有效推进社区综合减灾工作。①与省级政府转发通知的形式不同,地市和县一级则根据省级层面的通知要求结合本行政区域的情况制定具体实施意见,并在实施意见中提出经费投

---

①　参见《福建省人民政府办公厅转发国家减灾委员会关于加强城乡社区综合减灾工作指导意见的通知》(闽政办〔2011〕178 号),福建省人民政府门户网站,http://www.china.com.cn/guoqing/gbbg/2011-11/06/content_23836031.htm。

入的要求。比如，福建省漳州市 2011 年 9 月 21 日制定的《漳州市加强城乡社区综合减灾工作的实施意见》，在经费保障条款中要求各县（市、区）和各相关单位要将此项工作所需经费纳入部门预算，确保所需资金按时足额到位，为创建活动的顺利开展提供资金保障。① 福建省漳州市南靖县 2012 年 4 月 18 日制定的《南靖县加强城乡社区综合减灾工作的实施意见》，在经费保障条款中要求各镇（区）和各相关单位要将此项工作所需经费纳入部门预算，确保所需资金按时足额到位，为创建活动的顺利开展提供资金保障。② 可见，在地方层面，从省到县这三级政府的政策文件都对经费投入提出了较为一致的要求。

而由于各地的情况不同，地方层面在贯彻落实《指导意见》的政策中，对经费投入的要求也不尽一样。比如，同为省级层面的北京市政府不仅制定了《关于加强本市城乡社区综合减灾工作的指导意见》，而且在"加大社区综合防灾减灾经费投入"这一经费保障条款中提出了更为具体的要求。按照这一条款，北京市各级发展改革、财政等相关部门以及各区县、乡镇政府要认真贯彻落实《关于加强和改进城市社区居民委员会建设工作的意见》（中办发〔2010〕27 号）和本市关于全面加强城乡社区居委会建设工作有关文件精神，加大对社区建设的资金投入，建立健全社区综合防灾减灾投入机制，将社区综合防灾减灾经费纳入本级财政预算，市级财政根据民政部门开展综合防灾减灾工作的实际需要，安排年度专项资金预算；各区县财政、民政部门要按照当地常住人口、城乡区域特点，结合开展综合防灾减灾工作客观需求，编制年度专项资金预算，并制定相关文件，加强对社区综合防灾减灾相关资金使用的规范管理。对社区综合防灾减灾预警及通信传播系统建设、社区应急避难场所的完善与规范、社区综合防灾减灾装备配备、应急救灾物资储备、基层灾害信息员的职业资质培训鉴定及应急队伍的建设等方面给予必要的经费支持和政策扶持，重点加大对财政相对困难区县的支持

---

① 参见《漳州市人民政府办公室关于印发漳州市加强城乡社区综合减灾工作的实施意见的通知》（漳政办〔2011〕156 号），漳州市人民政府门户网站，http://www. zhangzhou. gov. cn/cms/html/zzsrmzfmhwz/2012-10-11/2130319981. html。

② 参见《南靖县人民政府办公室关于印发南靖县加强城乡社区综合减灾工作的实施意见的通知》，南靖县人民政府门户网站，http://www. fjnj. gov. cn/view. asp? id＝19010。

力度。再比如,与福建省漳州市的政策相比,同为地市一级的北京市东城区人民政府 2013 年 11 月 1 日印发的《东城区加强社区综合防灾减灾工作指导意见》,对"加大社区综合防灾减灾经费投入"的规定也更为具体。按照这一规定,东城区发展改革、财政等相关部门要建立健全社区综合防灾减灾投入机制,将社区综合防灾减灾经费纳入财政预算,区级财政根据民政部门开展综合防灾减灾工作的实际需要,安排年度专项资金预算;财政、民政部门要按照东城区常住人口、区域特点,结合开展综合防灾减灾工作客观需求,编制年度社区综合防灾减灾专项资金预算,并制定相关文件,加强对社区综合防灾减灾相关资金使用的规范管理。对社区综合防灾减灾预警及通信传播系统建设、社区应急避难场所的完善与规范、社区综合防灾减灾装备配备、应急救灾物资储备、基层灾害信息员的职业资质培训鉴定及应急队伍建设等方面给予必要的经费支持和政策扶持。[1]

在这两个主要的政策之外,一些地方也进行了其他方面的政策创制,从政策上保障社区减灾资金的投入。比如,2015 年 9 月,江西省出台《江西省省级福利彩票公益金资助综合减灾示范社区项目管理办法》,明确了资助的范围和资金资助标准。按照这个办法,江西本级福彩公益金对社区的宣传教育培训、应急演练、减灾设施、防灾减灾装备、档案管理和其他防灾减灾工作支出六个领域进行资助,对获得"全国综合减灾示范社区"称号的社区一次性资助 4 万元,对获得"全省综合减灾示范社区"称号的社区一次性资助 1万元。[2] 2016 年青岛市出台了《青岛市综合减灾示范社区以奖代补办法》,按照这个办法,市政府确定每年列支 200 万元预算,用于创建综合减灾示范社区以奖代补。[3]

---

① 参见《北京市市东城区人民政府关于印发东城区加强社区综合防灾减灾工作指导意见的通知》(东政发〔2013〕41 号),首都之窗,http://zfxxgk.beijing.gov.cn/columns/23/2/427290.html。

② 参见《江西省财政厅 江西省民政厅关于印发〈江西省省级福利彩票公益金资助综合减灾示范社区项目管理办法〉的通知》(赣财综〔2015〕86 号),江西省人民政府门户网站,http://govinfo.nlc.gov.cn/jxsfz/xxgk/jxsczt/201607/P020160714505610492047.html。

③ 青岛市民政局救灾处在 2016 年全国社区减灾工作座谈会上的发言材料:《社区减灾,让青岛更加宜居幸福》(内部资料),2016 年 12 月。

二、资金投入的实践探索

由于政策保障条件的设立并不意味着它具有必然的刚性约束,也不等于它会自动实现①,所以,各地在综合减灾示范社区的创建实践中,通过争取财政投入、利用公益金、统筹各类资源等方式,积极探索社区综合减灾的资金投入机制。比如,黑龙江、内蒙古、浙江、江西、湖北、广东、湖南、广西、海南等省(自治区)积极争取地方财政支持,同时调剂部分福利彩票公益金,采取"以奖代补"的形式对全国和省级综合减灾示范社区给予补助或奖励,激励社区积极参与创建工作。北京市民政局会同北京市紧急救援基金会共同实施防灾减灾社区救援体系建设项目,"十二五"期间每年组建社区救援队200个,投入资金8亿—10亿元。黑龙江省建立了综合减灾示范社区奖补机制,每年从福彩公益金中拿出300万元作为奖补专项资金,每个国家级示范社区奖补4万元,省级示范社区奖补2万元以上。安徽省芜湖市每年安排市本级财政资金300万元,淮南市民政局每年从福彩公益金中拿出10万元作为奖励资金,支持减灾示范社区创建活动。广东省各级民政部门利用福利彩票公益金,加上地方各级财政等方面资金,2011年共投入创建资金3 941.8万元,物资折价1 111.6万元。东莞市为每个开展全国综合减灾示范社区创建工作的社区补助20万元;佛山市平均补助每个社区9.4万元;珠海市投入160万元创建资金和价值26.4万元的物资,其中市本级支出福彩公益金50万元;深圳市各区民政部门为辖区内每个开展创建工作的社区提供5万元左右的基本创建宣传工作经费,同时街道按1∶1的比例配套相关工作经费②。云南省2011年统筹各级财政和社会捐赠资金共9 700万元(其中省级财政安排7 900万元),在全省范围内实施防灾应急"三小"工程,为全省1 310万户家庭发放防灾应急小册子,发放小应急包157.5万个,共组织开展防灾应急小演习1 434次。③ 2016年,省级又对129个县和11个州市下

---

① 参见俸锡金等:《社区减灾政策分析》,北京:北京大学出版社2014年版,第87—89页。

② 深圳的资料参见殷本杰:《转变观念 真抓实干 推动全国社区减灾工作迈上新台阶——在2016年全国减灾工作座谈会上的讲话》,资料由民政部救灾司减灾处提供。

③ 参见来红州等:《关于全国综合减灾示范社区创建工作的调研报告》(内部报告),2012年。

拨 700 万元应急演练资金补助。① 浙江省 2015 年安排 1 000 万元省级财政资金用于补助村级避灾场所规范化建设,安排 3 490 万元福利彩票公益金用于补助避灾安置场所建设,各地则采取"政府财政投一点、村级集体出一点、社会各界捐一点"的方法,多方筹集建设资金。② 2016 年,湖南省本级下拨 600 万元省级福彩公益金,专项支持省级综合减灾示范社区创建工作,对省民政厅已确认的省级综合减灾示范社区创建单位分别给予不少于 4 万元的专项资金支持,其中适当提高对地处国家级贫困县、省级贫困县和罗霄山、武陵山等片区县创建对象的资金补助标准,对被确认为省级标准化综合减灾示范社区的单位给予不少于 10 万元的专项资金支持。长沙、株洲、衡阳、永州等市还为入选社区落实了市级配套经费。③ 此外,在一些集体经济比较发达的地区,集体经济也成为社区综合减灾经费的重要来源。比如,江苏省苏州市相城经济开发区泰元社区集体经济的发展为社区开展综合减灾提供了有效、充足的资金保证,防灾减灾项目投入达 166 万元。④

据统计,"十二五"期间,全国 21 个省(自治区、直辖市)安排了专项资金支持开展综合减灾示范社区创建活动。⑤

通过对各地实践探索经验的梳理和总结,我们不难发现,在财政预算中列支创建经费、利用福利彩票公益金、发动社会捐助等构成了社区综合减灾示范模式资金投入机制的主要内容。从综合减灾示范社区创建的实践来看,各地的积极探索,不仅推动了资金投入机制的逐步形成,也推动了社区综合减灾示范模式的深入发展。

---

① 参见云南省救灾处在 2016 年全国社区减灾工作座谈会上的发言材料(内部资料),2016 年 12 月。
② 参见浙江省民政厅救灾处 2015 年 12 月在上海市召开的"2015 年全国综合减灾示范社区创建工作座谈会"上发言材料——《开展"避灾工程"建设 全力打造受灾群众的避风港》(内部资料)。
③ 祝林书:《湖南:积极推进综合减灾示范社区创建工作》,载《中国减灾》2016 年第 23 期,第 61 页。
④ 苏州市相城经济开发区泰元社区:《重视多方资源投入 建设服务减灾社区》,载国家减灾委员会办公室:《"全国综合减灾示范社区"创建优秀经验选编》(内部资料),2010 年 12 月。
⑤ 参见《国家减灾委员会办公室关于印发〈"十二五"时期中国的减灾行动〉的通知》(国减办发〔2016〕9 号),国家减灾网,http://www.jianzai.gov.cn//DRpublish/tzgg/0000000000020381.html。

▶ **背景资料**

广东省综合减灾示范社区创建资金筹集的主要做法

一是将综合减灾示范社区创建经费纳入财政预算。如东莞市将创建经费列入年度财政预算,每年市财政安排 148.5 万元,用于创建 10 个全国综合减灾示范社区。

二是充分利用福利彩票公益金。大部分地市将综合减灾示范社区创建列入本级福利彩票公益金资助项目,对每个开展创建工作的社区给予 1 万元到 8 万元不等的福彩金补助,例如肇庆市逐年提高创建补助标准,清远市本级福彩金补助标准达每个社区 8 万元。各县(市、区)也积极落实配套资金,如江门市各县(市、区)均安排了创建配套补助资金,加大对创建工作的支持力度。据统计,自广东省开展创建工作以来,各级累计投入创建资金超过 1 亿元。

三是发挥项目带动作用。为加强全省城乡防灾减灾能力建设,从 2012 年开始,广东省民政厅利用省级福彩公益金,每年资助经济欠发达、多灾易灾地区建设一批应急避难场所,迄今已有 177 个项目获得资助,每个项目获得补助资金 30 万元,累计投入项目资助金 5 290 万元。受助地区积极组织乡镇(街道)、社区(村)申报省级福彩公益金资助应急避难场所项目,完善当地综合减灾示范社区创建条件。

资料来源:广东省民政厅救灾处 2015 年 12 月在上海市召开的"2015 年全国综合减灾示范社区创建工作座谈会"上发言材料——《加强组织领导 建立激励机制 努力推进社区减灾能力建设 》(内部资料)。

第四节　主体参与机制

从前面一章对社区减灾的主体分析可知,社区减灾的主体是一个多元参与的结构体系。在这一结构体系中,各参与主体依照达成的协议或构建的机制参与社区减灾工作,并形成主体之间的互动关系。从我国综合减灾示范社区创建的实践来看,社区综合减灾的主体参与机制主要包括三个方面的内容。

一是确定主体职责。职责不仅是主体的行为规范,也是构建主体参与机制的基本要求,"构建科学合理的减灾救灾参与机制要求,在政府的主导下,公民个人、民间组织、企业、媒体等主体明确各自职责,各担其责,各显其长"①。所以,在社区综合减灾模式的政策文本中,政策制定者对参与社区减灾的七类主体的职责进行了较为明确的规定。② 在一些地方的实践探索中,相关方通过签订协议的方式,约定主体的责任和义务。比如,在民政部救灾司和亚洲基金会联合推行的"灾害管理公共合作项目"的试点地区——四川省宣汉县,在县民政局的主导下,成立了灾害管理公共合作项目协调委员会,确定了主要参与单位,签订了《灾害管理公共合作协议》,明确了社会各界、社区在灾害管理公共合作中的责任和义务,包括远大铁合金有限公司、江口电站、宣汉供电公司、达州盐业公司宣汉分公司、宣汉变压器厂、宣汉化肥厂、江口学校、东南学校、东南医院等 22 个企事业单位、民间组织、社会团体参与。③

二是建立合作模式。在全国综合减灾示范社区创建实践中,各地注重发挥社会资源的作用,综合运用多种手段,采取人员力量共用、场所和设备共享、项目合作开发等方式,形成资源共享共用、优势互补共建的合作模式。在基础设施条件较好的城市社区,各地普遍利用现有公园、广场、城市绿地、体育场、学校、会展设施、社区活动中心等公共设施设置应急避难场所,与辖区的物业管理公司、学校等单位签订用于防灾减灾的场地资源、人力资源共享协议书。比如,北京市东城区民政局与北京社会生活心理卫生咨询服务中心合作,对社区心理辅导员进行专业技能培训。黑龙江省大庆市旭园社区创造了居企共建模式,利用电业局体育馆、俱乐部等场地作为应急避难场所,将企业闭路电视和办公网络作为宣传平台,以驻区医院、商场、派出所为

---

① 郑功成:《减灾救灾的社会参与机制研究》,载罗平飞:《全国减灾救灾政策理论研讨优秀论文集》,北京:中国社会出版社 2011 年版,第 040 页。

② 具体职责见本书第三章第一节"社区减灾模式的内容分析"部分的内容。

③ 王玉海等:《社区综合减灾防灾社会参与机制研究》,载罗平飞:《全国减灾救灾政策理论研讨优秀论文集》,北京:中国社会出版社 2011 年版,第 216 页。

依托,组建了抢险救援队、医疗救护队、物资供应队和救灾志愿者队伍,将社区保护对象变为主动参与对象。浙江省各地县级民政部门与民防部门共建共享应急避难场所,充分挖掘社区商场、企业、学校等资源,并与防汛防台和消防等部门共同开展社区培训和应急演练。安徽省芜湖市引入企业资源,建立了规模较大的自然灾害体验馆,为社区居民提供了理想的防灾减灾知识学习场所。江西、湖南、四川、宁波等地积极探索建立政府、企业、民间组织和个人参与社区减灾的联动机制,依托有关国际合作项目予以推进。[①] 安徽省合肥市庐阳区县桥街道办事处花园社区通过协议把由社区承担的职能分离出去,由辖区的企业承担;在动员企业参与社区减灾的过程中,创造性地使用"合同外包"的方式,与辖区内的合家福超市签订防灾减灾基本生活用品救助协议,与社区医疗卫生服务站签订防灾减灾医疗救助及提供医疗药品协议书,使企业依照协议参与社区减灾,在发生灾害时及时主动地向辖区内群众有偿提供基本生活用品、药品及医疗救助。通过这一措施,社区在综合减灾过程中建立起公私合作、多元合作的伙伴关系。[②]

▶▶ **背景资料**

上海市建立"多元参与的社区风险评估实践模式"

为了在"十二五"期间完成 200 个"社区风险评估示范点"建设任务,在上海全面推广社区风险评估,上海市民政局创新社会治理模式,引入社会组织参与社区风险评估,形成了"政府部门统筹协调,高校专家专业指导,社会组织具体实施,社区居民广泛参与"的"多元参与的社区风险评估实践模式"。在这个模式中,市、区、街镇三级民政部门主要承担资源协调和部门间的沟通工作;复旦大学专家团队主要提供专业培训并做好后期的评估分析;社会组织负责在社区内具体组织开展风险评估各项活动;社区居民作为风险评

---

① 参见来红州等:《关于全国综合减灾示范社区创建工作的调研报告》(内部报告),2012 年。

② 安徽省合肥市庐阳区县桥街道办事处花园社区:《探索多元参与的减灾模式 构筑社区防灾减灾新格局》,载国家减灾委员会办公室:《"全国综合减灾示范社区"创建优秀经验选编》(内部资料),2010 年 12 月。

估主体广泛参与各项活动,评估社区风险。

在"多元参与的社区风险评估实践模式"中,社会组织的作用尤为重要,而他们的专业能力是在全市层面标准化开展社区风险评估工作的关键。因此,上海市民政局每年都会联合复旦大学对社会组织开展专项培训,整个培训过程由理论培训、观摩学习、试点实施等三个阶段组成。2015 年,上海市更是从形式和内容上做了创新,采用工作坊的形式,开展更多现场讨论和现场模拟,让社会组织从各个角度交流了现场活动的经验以及存在的问题。社会组织的参与程度和专业能力有了进一步的提高。目前,上海全市共有四家社会组织参与到这项工作中来,为社区防灾减灾工作进一步夯实了基础。

资料来源:上海市民政局救灾处 2015 年 12 月在上海市召开的"2015 年全国综合减灾示范社区创建工作座谈会"上的发言材料——《开展社区风险评估和风险地图绘制 筑起减灾工作新防线》(内部资料)。

三是购买社会服务。通过购买服务引导社会力量参与社区综合减灾是主体参与社区减灾的重要方式。在综合减灾示范社区创建实践中,一些地方通过政府购买服务的方式,引导和支持民间组织参与到防灾减灾公共服务中来,推进社会工作者参与全国综合减灾示范社区创建工作。比如,广东省民政厅 2011 年与广东省社会工作师联合会签订了《关于开展防灾减灾社工服务协议书》,以购买服务的方式委托联合会开展对防灾减灾服务调研评估、方案策划、行动组织、宣传教育等活动,为创建全国综合减灾示范社区提供社工服务。[1] 2016 年,广东省民政厅通过与财政厅沟通协调,落实了每年购买减灾救灾等专业服务专项资金 2 000 万元,并从省福彩基金列支 700 万元,通过以奖代补的形式资助综合减灾示范社区创建和向社会力量购买减灾救灾服务。[2] 北京市按照民政部《关于加快推进灾害社会工作服务的指导意见》,以政府购买服务方式引导支持社会力量参与防灾减灾救灾工作。在

---

[1] 参见来红州等:《关于全国综合减灾示范社区创建工作的调研报告》(内部报告),2012 年。

[2] 参见广东省民政厅救灾处 2016 年 12 月在浙江省杭州市召开的"2016 年全国社区减灾工作座谈会"上的发言材料——《加强培育 积极引导 推动社会力量有序参与减灾救灾》(内部资料)。

防灾减灾宣传方面，北京市民政局会同中关村智慧减灾救灾产业技术创新战略联盟，组织数场社区综合减灾救灾大讲堂活动和多次灾害实战演习。在防灾减灾示范社区创建方面，北京市民政局与市紧急救援基金会实施"北京市防灾减灾社区救援体系建设项目"，加强减灾救灾志愿服务队伍建设工作，为基层社区无偿配备紧急救援亭、大型救援箱、救援车辆等物资。在防灾减灾社区风险排查方面，北京市民政局委托北京市减灾协会和北京民众安全紧急救援研究院等专业社会组织深入街乡和社区，帮助基层制定风险评估方案，培训评估人员，并指导社区进行风险排查，提出规避风险措施。在防灾减灾演练方面，北京市民政局委托新兴装备职业技术研究所组建了50人的"北京市应急救援保障队"，主要负责应急救援保障演练和突发事件的应急救援，提升了全市应急救助综合能力。在防灾减灾专家力量方面，北京市建立了一支10人的社会工作专业专家库，以加强对灾害社会工作服务队伍的督导。培训社工100余人，培训内容涉及社会工作理论知识、实务能力、灾害现场感受、救援演练等科目，有力地提升了社工参与应急救灾的实务能力。① 2016年，北京市加大政府购买服务力度，投入1 300余万元购买社会力量减灾救灾服务，涵盖救灾物资库房租赁管理、社区风险排查、综合减灾示范社区创建、防灾减灾宣传演练、社区减灾队伍培训、科研课题研究等诸多领域，建立减灾救灾领域政社协同治理的工作格局。②

---

① 参见北京市民政局救灾处2015年12月在上海市召开的"2015年全国综合减灾示范社区创建工作座谈会"上的发言材料——《创新社会管理 切实加强社区综合减灾能力建设》（内部资料）。

② 参见北京市民政局救灾处：《我市投入1 300万元购买社会力量减灾救灾服务》，北京民政信息网，http://www.bjmzj.gov.cn/news/root/mrmz/2016-11/120899.shtml。

第五章
社区减灾模式的未来发展

制度的设计和实施与模式的形成和发展如同土壤与植物的依存关系:制度造就的环境滋生了发展模式,模式的成长又丰富和完善了制度,它们相辅相成、相得益彰。

从模式发展的视角来看,对于以公共政策方式推行的社区综合减灾示范模式而言,推动模式发展的主体和保障模式有效运行的资金是模式发展最为基础也是最为关键的两大要素。

不进行减灾制度的根本性改变,各种解决模式困境的药方就只能是"治标不治本",社区综合减灾示范模式也就难以完成从倡导性政策属性到强制性政策属性的转变。

随着我国防灾减灾形势的发展,尤其是综合减灾理念的深入人心和综合减灾协调机构作用的不断发挥,将相关部门的资源优势与基层实践优势进行有机融合势必成为一种必然的趋势。

模式并不是一个僵化的概念,它也有一个随着实践的发展而不断演化变迁的过程,这个过程是长期的、渐进的和独特的。[①] 作

---

① 许晓平:《74.55%的民众认可"中国模式"——民众如何看待"中国模式"调查》,载《人民论坛》2008 年第 24 期,第 32 页。

为一种特殊的社区减灾模式,社区综合减灾示范模式的发展也是如此。虽然经过了将近十年的发展,但其前行的脚步并不会因此而停下。在第二章,我们对社区综合减灾示范模式的历史演变进行了描述和分析,了解了它形成的背景环境和发展的历史阶段。在这一章,我们从社区减灾模式发展的影响、困境和方向三个方面,对其未来发展进行学理探讨。

第一节　社区减灾模式发展的影响分析[①]

按照系统论的观点,系统总是要在一定的环境中存在和发展,它与环境之间存在着物质、能量和信息的交流,系统既要通过来自外界环境的输入而受环境的约束,又要通过对环境的输出而对外部环境施加影响。[②] 作为环境大系统的一个子系统,社区减灾模式的建立和发展同样会对环境产生或大或小的影响。具体到社区综合减灾示范模式,它至少在以下四个方面对中国的减灾产生了程度不同的影响。并且,这种影响还将会在模式的未来发展中不断地持续下去。

一、对减灾工作的影响

正如我们在社区综合减灾示范模式特征分析中所言,综合减灾示范社区创建活动本身即是一项减灾工作。所以,社区综合减灾示范模式对减灾工作的影响最为直接。它提供了社区减灾的范式,让社区减灾工作的运行更为规范。

范式是可以作为典范的形式或样式[③],其作用集中于理顺和总结现实,弄清我们应当选择哪条道路来实现我们的目标。[④] 之所以说社区综合减灾示范模式提供了社区减灾的范式,就在于它十分清晰地告诉了人们,在中国

[①] 本节内容作为项目成果曾发表在《中国减灾》2017 年第 8 期。参见俸锡金:《社区综合减灾示范模式的特征和影响分析》,载《中国减灾》2017 年第 8 期,第 14—15 页。

[②] 张金马:《政策科学导论》,北京:中国人民大学出版社 1992 年版,第 439 页。

[③] 中国社会科学院语言研究所词典编辑室编:《现代汉语词典》(第 6 版),北京:商务印书馆 2015 年版,第 364 页。

[④] 〔美〕塞缪尔·亨廷顿:《文明的冲突与世界秩序的重建》,周琪等译,北京:新华出版社 2002 年版,第 10 页。

这样的自然和社会环境下，社区减灾究竟应该怎样做。

从前面三章对社区综合减灾示范模式的历史演变、内容特征和运行机制的描述和分析中，我们可以清晰地看到，这种影响体现在以下三个具体的方面：首先，社区综合减灾示范模式明确了社区减灾的主体、社区减灾的内容、社区减灾的标准以及推动社区综合减灾工作实施的机制，为社区减灾工作的有序开展提供了参考的样式；其次，全国综合减灾示范社区发挥了积极的示范和引领作用，各地不仅推动了全国综合减灾示范社区的创建，还在这一示范模式的带动下，启动了省级综合减灾示范社区的创建工作；最后，自2007年以来，全国31个省（自治区、直辖市）、新疆生产建设兵团和5个计划单列市都因地制宜地开展了全国综合减灾示范社区的创建工作，不少地方都把综合减灾示范社区创建纳入减灾工作的重要内容，综合减灾示范社区创建活动逐步成为中国减灾工作的重要抓手，"各地把示范社区创建工作作为创新防灾减灾工作思路、整合防灾减灾公共资源、提高基层防灾减灾能力、构筑城乡防灾减灾格局的重要抓手"①。

二、对减灾制度的影响

制度是一个社会的博弈规则，或者更为规范地说，它是一些人为设计的、形塑人们互动关系的约束。② 制度的设计和实施与模式的形成和发展如同土壤与植物的依存关系：制度造就的环境滋生了发展模式，模式的成长又丰富和完善了制度，它们相辅相成、相得益彰。③

社区综合减灾示范模式与减灾制度的关系也是如此。一方面，社区综合减灾示范模式的形成和发展不可能脱离于现行的减灾制度，在它身上你总能或多或少地看到当代中国减灾制度的影响；另一方面，社区综合减灾示范模式在其发展的过程中，总会形成一些新的规则或制度规范，它们在不断充实社区减灾内容的同时，也在不断地丰富和完善中国的减灾制度。

---

① 民政部救灾司：《全国综合减灾示范社区创建工作情况》，载《2015年全国综合减灾示范社区创建工作座谈会经验交流材料》（内部资料），2015年12月。

② 〔美〕道格拉斯·C.诺斯：《制度、制度变迁与经济绩效》，杭行译，韦森译审，上海：格致出版社、上海三联书店、上海人民出版社2014年版，第3页。

③ 陈锦华：《中国模式与中国制度》，载《人民日报》2011年7月5日。

　　减灾制度是由国家制定、认可并加以实施的有关减灾工作的各种规定和规范的总和,是由包括社区减灾相关规定和规范在内的各种具体减灾制度构成的制度体系。而体系又是由若干有关事物相互联系、相互制约而构成的一个整体①,它往往通过具体制度的增减来不断地得以丰富和完善。

　　从前面对社区综合减灾示范模式的历史演变和内容特征的分析中我们可以看到,社区综合减灾示范模式在其发展的过程中,国家减灾委和民政部围绕全国综合减灾示范社区的创建,制定了一系列相关的规定和规范,各地也注重结合实际,加强创建工作的制度建设,逐步形成了主次分明、规范有序的社区综合减灾制度体系,进一步丰富和完善了我国的减灾制度。

三、对减灾观念的影响

　　模式不仅表征着行为范式,更承载着价值理念。所以,模式的实施不仅仅是一种行为范式的推行,同时还是一种价值理念的倡导。也就是说,模式的发展不仅会导致工作方式的变革,还会引发人们思想观念的改变。作为一种由中央政府以公共政策方式推行的社区减灾模式,社区综合减灾示范模式必然会体现国家所倡导的减灾理念和政策制定者所希望的价值观念,并在发展的过程中对人们的减灾观念产生程度不同的影响。归结起来,这些影响主要体现在以下三个方面:

　　一是综合减灾的理念影响了社区减灾的行为。正如我们在模式特征部分所述,减灾的综合性是社区综合减灾示范模式的主要特征之一。在模式的推行过程中,这一理念得到了较好的体现。社区减灾不再是单一的灾种应对,也不再是单个环节的处理,各种减灾资源分散使用的状况也逐步得以改变。从综合减灾示范社区的减灾实践来看,无论是社区将四类突发事件统筹来应对,还是社区将各种资源统筹来使用,无不体现了综合减灾的这一核心理念。

　　二是多元参与的理念影响了社区居民的减灾意识。从第三章关于社区减灾主体的分析中我们可以看到,社区综合减灾示范模式蕴含的一个重要

───────────────

　　①　参见辞海编辑委员会:《辞海》(第六版彩图本),上海:上海辞书出版社,第 2237 页。

理念就是,社区减灾不仅仅是政府部门的事情,同样也是居民自己的事情;它不仅需要政府部门的积极组织,还需要社区居民的主动参与。而在相当一段时期内,减灾往往被社区居民看成是政府部门的事情。这种观念导致的直接结果就是,社区居民常常在潜意识里认为需要他们参与的减灾活动是政府部门"要我减灾",而非出自于他们内心的"我要减灾"。在社区综合减灾示范模式经过将近十年的发展之后,社区居民的这种观念逐步得到改变,"我要减灾"的意识不断增强,参与减灾的积极性也在逐步提高。

三是减灾从社区做起的理念得到越来越多的认同。国家推行社区综合减灾示范模式本身就表明了社区减灾的重要性。随着这一模式的深入发展,人们越来越意识到:减灾从社区做起,以社区为平台开展防灾减灾工作,不仅可以有效整合各类基层减灾资源,落实各项减灾措施,增强社区的综合减灾能力,最大限度地减轻灾害损失,还可以有效动员每个社区的每个家庭、每位成员积极参与防灾减灾和应急管理工作,关注身边的各类灾害风险,增强防范和应对灾害风险的意识和技能。

四、对理论研究的影响

理论来源于实践,并随着实践的发展而不断丰富。对于一个在中国已经运行了将近十年,并在《国家综合防灾减灾规划(2016—2020年)》目标中明确提出还将继续推行的社区减灾模式,社区综合减灾示范模式发展的实践是任何从事中国防灾减灾理论研究的人所不能忽视的。因为,社区综合减灾示范模式是中国减灾的一个重要组成部分,缺少了对这一部分的研究,任何关于中国防灾减灾的理论体系都不会完整。

从社区综合减灾示范模式发展的实践来看,其本身就有很多值得并需要从理论上加以研究的问题。比如,为什么是它而不是别的模式作为中国推动的社区减灾模式,这一模式又是如何发展等诸多问题都需要从理论上进行研究和探讨。而围绕这些问题的回答,研究者就需要提出社区减灾模式研究的理论基础(概念和方法),并对模式的历史演变、模式的内容构成、模式的主要特征、模式的运行机制、模式的主要类型、模式的发展困境以及模式发展对中国减灾的影响等方面进行深入研究和分析。所有这些研究内容,不仅会丰富社区减灾模式的理论,同样也为中国防灾减灾的理论研究增添了新的成果。

正是从这个意义上说,社区综合减灾示范模式的发展实践,对推动中国防灾减灾的理论研究,对丰富中国防灾减灾理论体系的内容,无疑都具有十分重要的影响。

第二节　社区减灾模式发展的困境分析

尽管经过了将近十年的理论推动与实践探索,但是各种制约社区综合减灾示范模式发展的因素并没有随着时间的流逝而烟消云散。它们依然与模式发展如影随形,影响和制约它向前发展,并让其面临着各种发展的困境。困境是指困难的处境[①],它是由各种制约模式发展的因素所构成的一种情境。所以,对模式发展困境的分析,主要就是要分析构成这种情境的各种因素。

究竟是哪些因素构成了模式发展的困境,研究者从不同的角度给出了不同的解答。从第一章关于社区减灾问题与对策研究的文献综述中我们可以看到,研究者关于社区减灾问题的研究大致可以归结为三大类型。可以说,这三大类型的问题同样也是社区综合减灾示范模式发展所面临的问题。所有这些问题,都会在不同程度上让社区综合减灾示范模式处于发展的困境之中。

从模式发展的视角来看,对于以公共政策方式推行的社区综合减灾示范模式而言,推动模式发展的主体和保障模式有效运行的资金是模式发展最为基础也最为关键的两大要素。所以,基于这样的一种考虑,在这里,我们不逐一分析影响模式发展的各种要素,而主要从影响模式发展的两大关键性要素即主体结构和资金结构中存在的一些制约性因素来对模式发展的困境进行描述和分析。

---

① 辞海编辑委员会:《辞海》(第六版彩图本),上海:上海辞书出版社2009年版,第1280页。

一、主体结构视角下的困境分析

模式的发展得益于主体的推动。从前面章节的分析中我们可以看到，社区综合减灾示范模式是一个多元主体参与推动的模式。以国家减灾委和民政部、地方政府或地方综合减灾协调机构和民政部门、社区减灾参与主体①为主要推动者的三类主体，构成了推动社区综合减灾示范模式发展的主体结构。

作为以全国综合减灾示范社区创建为核心内容的一系列相关政策的制定者，国家减灾委和民政部推动社区综合减灾示范模式发展的意愿最为强烈。为推动社区综合减灾示范模式的发展，国家减灾委和民政部制定了一系列相关配套政策，并在职权范围内采取了推动模式发展的各种具体措施②，形成了社区综合减灾示范模式发展的强大动力。然而，由于我国防灾减灾体制、机制和法制等诸多因素的制约③，国家减灾委和民政部以公共政策方式推行的综合减灾示范社区的创建在政策属性上只能是一种倡导性政策，并不具有必然的执行强制性。也就是说，地方推行不推行社区综合减灾示范模式在很大程度上取决于他们的意愿，而不是强制性公共政策的那种刚性约束。与此相关的另一个问题是，围绕全国综合减灾示范社区创建的相关政策，尽管在政策文本中设置了政策保障条件，但由于相同的原因，政策保障条件的刚性约束也更多地取决于地方的意愿及其所能调控的政策资源。④ 所有这些不利因素，都不可避免地影响和制约着社区综合减灾示范模式的未来发展。

作为上述相关政策的执行者，地方政府或地方综合减灾协调机构和民政部门在社区综合减灾示范模式的发展中起着十分重要的推动作用。然而，由于前面提到的政策属性使然，国家减灾委和民政部制定的相关政策并

---

① 这里指本书第三章图 3.2 所列举的七类主体。

② 这些政策和措施参见本书第二章和第四章相关内容。

③ 关于"减灾体制和机制的制约"，读者可参阅吕芳：《社区减灾：理论与实践》，北京：中国社会出版社 2011 年版，第 158—159 页；民政部国家减灾中心：《健全和完善跨部门的民政综合协调机制研究——以减灾救灾综合协调机制为例》，2013 年 6 月；国家减灾委办公室：《国家综合防灾减灾战略研究课题成果汇编》（内部资料），2013 年 10 月，第 40—41 页。

④ 参见佴锡金等：《社区减灾政策分析》，北京：北京大学出版社 2014 年版，第 86—90 页。

没有相匹配的政策执行配套资源,造成了政策工具[1]的缺失。而政策工具的缺失往往会导致地方政府或减灾综合协调机构和民政部门常常面临着不得不想方设法"寻找"政策执行资源的困境。在经济发展水平较为落后的地区,这种困境就更为明显。而且,由于减灾在地方政府的各项事务中并非其主要考虑的对象,因此,地方政府在社区减灾工作的推动上,缺乏主动性。一旦出现经济下滑、人事变动等情况,社区减灾的资金便难以保证。[2] 此外,由于同样因素的影响,推动社区综合减灾示范模式发展的激励机制也难以得到有效保障,"在中央层面,无论是国家减灾委 2011 年 6 月印发的《指导意见》,还是民政部 2012 年 6 月印发的《暂行办法》,均提出要把全国综合减灾示范社区创建工作作为防灾减灾绩效考核的重要内容,对全国综合减灾示范社区创建工作中做出突出贡献的组织和个人给予表彰奖励。虽明确了激励政策,但由于中央层面无资金渠道,表彰奖励工作暂未落实。在地方层面,省、地、县级层面将创建工作与绩效考核挂钩,需征得当地人事部门同意,目前仍存在一定难度"[3]。因而,不能有效地调动政策执行者的积极性。所有这些不利因素,不可能不造成政策执行的失真[4],也不可能不影响社区综合减灾示范模式的未来发展。

而作为让社区综合减灾示范模式真正落地的社区减灾参与主体,同样也存在着影响和制约模式发展的诸多因素。

作为社区层面综合减灾工作的综合协调机构,社区综合减灾工作领导小组对社区综合减灾示范模式的发展至关重要,而在其中起主要作用的还是社区党组织或社区居委会。可以说,他们的积极性和主动性对推动社区综合减灾示范模式的有效运行起着十分关键的作用。然而,除了诸多研究者都提到的"上面千条线,下面一根针"的状态会影响他们推动社区综合减灾示范模式的发展外,另外三个方面的影响也不容忽视。其一是社区自身

---

[1]　有关"政策工具",参见丁煌等:《政策工具选择的视角——研究途径与模型构建》,载《行政论坛》2009 年第 3 期,第 21—26 页;黄红华:《政策工具理论的兴起及其在中国的发展》,载《社会科学》2010 年第 4 期,第 13—19 页。

[2]　参见吕芳:《社区减灾:理论与实践》,北京:中国社会出版社 2011 年版,第 159 页。

[3]　参见来红州等:《关于全国综合减灾示范社区创建工作的调研报告》(内部报告),2012 年。

[4]　有关"政策执行失真",参见张金马:《政策科学导论》,北京:中国人民大学出版社 1992 年版,第 234—237 页。

掌握的资源严重不足,往往会造成他们开展活动时有心无力。"资金的匮乏是阻碍社区活动开展的另一因素,一些有兴趣开展社区活动的社区苦于没有资金而不得不放弃"①。其二是缺乏专业技术人员的指导,影响了创建工作的质量。"在城市社区,全国综合减灾示范社区创建工作主要由聘用的社区主任负责(农村社区主要由村委会主任负责),社区工作人员数量十分有限,大量工作需要依靠社区志愿者和物业人员参与。社区干部普遍反映,工作任务越来越多,人力愈加不足。在全国综合减灾示范社区创建过程中,无论是社区主任,还是社工、志愿者、物业人员,绝大部分未接受专门培训,基本凭借自身对文件的理解来开展创建工作,缺乏专业人员的指导,一定程度上制约了创建工作质量的提高。"②其三是激励机制的不足,"为激励基层的创建热情,黑龙江、浙江、江西、湖北等省级民政部门从福利彩票公益金中调剂部分资金,对获得全国综合减灾示范社区称号的社区给予 2 万—5 万元不等的资金奖励,部分县级民政部门和街道办也制定了相应的奖励政策,一些地方还把街道和社区干部的年终考核和职务升迁与创建工作挂钩,对推动创建工作开展发挥了积极作用,但出台激励政策的仍属少数省份"③,影响了他们的积极性。

　　作为构成社区的最大群体,社区居民对社区综合减灾示范模式发展的重要性不言而喻。正如笔者在《社区减灾政策分析》一书中所言,社区减灾的终极目的就是要通过社区减灾能力的提升来减轻灾害风险和减少灾害损失,进而最大限度地保护社区居民免受灾害的伤害。而社区减灾能力的提升在很大程度上需要社区居民树立社区减灾的主人翁意识,积极地参与社区减灾活动。可以说,没有他们的有效参与,社区综合减灾示范模式这台大戏就难以演唱下去。然而,由于减灾的责任共担与风险分摊原则尚未得到有效落实④、防灾减灾知识传播不足⑤、防灾减灾宣传教育的

①　中国国家减灾委办公室:《城乡社区减灾能力建设研究报告》,联合国开发计划署(UNDP)资助项目"早期恢复和灾难风险管理"的子项目报告,2010 年 12 月,第 74 页。

②　参见来红州等:《关于全国综合减灾示范社区创建工作的调研报告》(内部报告),2012 年。

③　同上。

④　国家减灾委办公室:《国家综合防灾减灾战略研究课题成果汇编》(内部资料),2013 年 10月,第 25—26 页。

⑤　参见佟锡金:《影响防灾减灾知识传播的要素分析》,载《中国减灾》2015 年第 20 期,第 16—19 页。

困境①、社区自治文化匮乏②、集体行动的困境③等诸多因素的影响,尽管社区居民参与社区减灾的主动性与过去相比有了较大的提高,但从全国总体来看还远未达到较为理想的状态。从"要我减灾"到"我要减灾"的完全转变之路依然还很漫长。这样的状况不可能不影响到社区综合减灾示范模式的未来发展。

作为社会力量的其他五类参与主体,他们同样也是推动社区综合减灾示范模式发展的重要力量。按照综合减灾示范社区标准的相关规定,他们都承担了社区减灾的相关职责④。然而,由于出台社区综合减灾示范标准的政策本身的倡导属性,以及前面提到的减灾的责任共担与风险分摊原则尚未得到有效落实等原因,这几类主体参不参与社区减灾活动在很大程度上取决于他们自身的意愿以及社区综合减灾协调机构自身的协调能力。所以,尽管综合减灾示范社区标准规定了这些相关主体的职责,但真正履行起来存在着较大的困难。从实际情况来看,防灾减灾志愿者或社工以及各类社会组织参与减灾的意愿又与他们自身的能力或资源密切相关,而现实的情形是"减灾救灾类社会组织发展缓慢并参与不足"⑤;学校、医院和相关企事业单位倒是具有天然的参与社区减灾的资源优势,然而,他们参与社区减灾活动主要是取决于社区综合减灾协调机构尤其是社区党组织和村(居)委会的协调并建立起相关的机制。但遗憾的是,这种协调并没有取得应有的效果。虽然不少社区建立了协调机制,但协调机制的落实并不是十分理想。所有这些不利因素,同样会不同程度地影响社区综合减灾示范模式的未来发展。

二、资金结构视角下的困境分析

模式的发展离不开资金的投入。如果说模式是一辆行驶的车,资金则

---

① 参见俸锡金:《减灾宣传教育困境的利益相关性分析》,载《中国减灾》2015年第13期,第56—59页。

② 参见陆小成:《公共政策执行中的社区自治探究》,载《湖南工程学院学报》2004年第2期,第20页。

③ 参见〔美〕曼瑟尔·奥尔森:《集体行动的逻辑》,陈郁等译,上海人民出版社1995年版。

④ 相关职责参见本书第三章第一节"社区减灾主体"部分内容。

⑤ 中国国家减灾委办公室:《城乡社区减灾能力建设研究报告》,联合国开发计划署(UNDP)资助项目"早期恢复和灾难风险管理"的子项目报告,2010年12月,第78—81页。

是确保车辆运行的油。就全国综合减灾示范社区创建工作而言，一定的资金投入必不可少，其使用范围包括社区减灾设施设备完善、宣传材料印刷、展板和标识牌制作、社区减灾培训、应急物资购置、社区志愿者队伍建设、应急避难场所建设与维护、社区防灾演练等。就最低需求而言，要维持社区减灾活动正常开展（不包括基础设施建设费用），人均减灾经费约 5 元/年，以 1 万人的社区为例，年度减灾经费需 5 万元。从第四章对社区综合减灾示范模式的资金投入机制分析可知，这些所需经费的投入最主要来自于财政经费、福利彩票公益金和社会经费。这三个方面的经费构成了当前保障社区综合减灾示范模式运行发展的主要资金结构。

对于财政经费而言，由于财政的制度性约束和"受制于中央财权和事权划分的不同看法"[1]，长期以来，民政部门虽为社区综合减灾工作的牵头部门，但我国各级财政支出科目中与民政减灾救灾相关的只有救灾科目（科目设置：20815 自然灾害生活救助），减灾科目一直缺失，造成各级减灾工作经费无出处的被动局面，民政部门的牵头作用也受到资金投入方面的制约。民政部为此做过多次沟通，但有关部门认为社区减灾工作的责任主体在地方政府，中央财政难以落实资金支持，导致了中央层面目前无专项财政资金支持的情形。在地方层面，尽管《指导意见》明确提出了"地方各级人民政府要建立健全社区综合减灾投入机制，将社区综合减灾经费纳入本级财政预算"，但由于政策的非刚性约束，以及一些地方政府仍然存在"重救灾，轻减灾"思想，财政资金对社区减灾工作支持相对有限，导致这一意见难以得到有效落实。

对于福利彩票公益金而言，由于其自身性质和社会敏感度，其使用必然有严格的规范约束。从福利彩票公益金的使用管理来看，民政部对福利彩票公益金的使用范围把关较严，对减灾救灾工作暂无政策倾斜和资金支持。而部分省份开展综合减灾示范社区创建工作，筹资渠道主要依靠民政部门调剂的数额有限的福利彩票公益金，但由于缺乏民政部的政策支持，担心遇

---

① 殷本杰：《全国综合减灾示范社区创建工作思考》，载《中国减灾》2017 年第 8 期，第 36 页。

到资金审计问题,投入资金数量和实施省份数量都相对有限。①

　　社会经费的来源主要是国际组织和社会力量的捐助。但无论是国际组织还是社会力量,他们捐助的资金都比较有限,且不具有可持续性。从第二章对社区减灾模式历史演变的描述和分析中我们可以看到,国际组织通常以项目的方式来支持中国社区减灾经验和模式的总结与推广,以及资助一些社区减灾活动的开展。这些项目活动几乎都是一种阶段性行为,一旦项目结束,资金的来源也就自然终止。社会力量的捐助也是如此。他们对社区减灾的资金捐助,数量也不会很大,而且,多数捐助也同样是一次性行为。不仅如此,从我国防灾减灾救灾的实际情形来看,社会力量往往更愿意将资金捐助到应急救灾中,而缺乏对社区减灾的捐助热情。"随着我国公益慈善事业的快速发展,社会力量参与救灾工作的热情高涨,但是对于防灾减灾等不易凸显创效的工作,社会力量参与的热情不高。"②

　　上述困境的存在,影响和制约了社区综合减灾示范模式的发展。"从目前减灾经费投入来看,各地仅投入了示范社区创建经费,对于日常减灾工作还缺少经费支持,导致许多社区在示范社区创建成功后,后续财力物力没有跟上,示范社区创建工作成效大打折扣。"③而由于资金的缺乏,一些社区的防灾减灾活动往往集中在"全国防灾减灾日""国际减灾日"等特定时段,一些社区基本不开展防灾减灾活动,让全国综合减灾示范社区徒有其名。

第三节　社区减灾模式发展的方向分析

　　在日益增长的社区减灾需求和社区减灾能力不足这一矛盾长期存在,以及在今后相当一段时期社区减灾能力建设始终都是国家综合减灾战略目标重要内容的情形下④,可以预见的是,社区综合减灾示范模式依然会成为

---

　　①　前三部分主要参考来红州等:《关于全国综合减灾示范社区创建工作的调研报告》(内部报告),2012年。

　　②　殷本杰:《转变观念　真抓实干　推动全国社区减灾工作迈上新台阶——在2016年全国减灾工作座谈会上的讲话》,资料来源于民政部救灾司减灾处。

　　③　同上。

　　④　参见俸锡金等:《社区减灾政策分析》,北京:北京大学出版社2014年版,第132—133页。

我国今后相当一段时期内社区减灾的主要模式。在经过了将近十年的发展之后,这一模式究竟应该如何发展,是值得理论研究者和实际工作者研究和探讨的问题。在这一节,我们从理论与实践探索和模式发展的主要方向两个方面进行探讨。

一、理论与实践探索

事实上,模式发展的过程本身就是一个不断探索的过程。因为,任何一种模式都不是完美无缺和一成不变的,每种模式都有长短,且需随时代和环境的变化而不断调整。[①] 模式的调整不涉及模式既有性质的改变,而是在保持自身性质不变的前提下所进行的内容增减或机制完善。

在模式将近十年的发展中,理论研究者和实践工作者围绕社区综合减灾示范模式的改进,进行了不断的研究和探索。从我们所能搜集到的文献资料来看,以社区减灾为主要对象进行研究的人员并不少,而以社区综合减灾示范模式为主要对象进行专门研究的人员却不多。在以社区综合减灾示范模式为主要研究对象的人员中,以下几位研究人员的研究成果为我们探索社区综合减灾示范模式的未来发展提供了有益的启示。

史培军、耶格·卡罗等在剖析 WHO 建立的"国际安全社区"和中国国家减灾委构建的"综合减灾示范社区"两种模式的基础上,提出了由社区"发展与减灾一体化"体系(见图 5.1)与"综合防灾减灾体系"相互融合而成的中国综合自然灾害风险防范的社区模式——"再发展模式",即由"高效利用资源、极大改善环境,新建产业结构、重构用地格局,参加灾害保险、建设安全社区,避开高风险区、提高设防水平,完善互救组织、掌握自救技能"共同构成的社区"发展与减灾一体化"体系,以及由"安全设防、救灾救济、应急管理与风险转移"一体化而形成的社区防灾减灾结构体系与"备灾、应急、恢复与重建"一体化而形成的社区防灾减灾功能体系集成的社区"综合防灾减灾体系"(见图 5.2)。这一模式,正如研究者自己所言,是在总结国内外大量综合防灾减灾与灾害风险防范社区建设工作的经验上提出的,还有待在实践中

---

① 沈云锁等:《中国模式论》,北京:人民出版社 2007 年版,第 420 页。

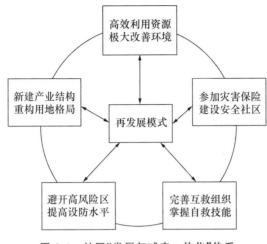

图 5.1　社区"发展与减灾一体化"体系

完善和提高,还需要做大量有关社区防灾减灾与风险防范模式的对比研究工作,从中吸取经验教训,并在 IHDP-IRG 核心科学项目的指导下,得以深化与发展。[①]

吕芳在梳理社区减灾理论和总结全国综合减灾示范社区实践的基础上认为,社区减灾在我国的发展前景主要取决于社区自身的组织管理和各级政府的支持。为此,她从社区和政府两个不同的维度提出了未来社区减灾的五个方向。从社区的维度来看,社区减灾的关键是要动员社区内的多元参与,建立起合作伙伴关系。因此,把社区减灾融入社区发展、建立公私合作的伙伴关系是未来社区减灾的重要选择。从政府的维度来看,政府在社区减灾中的主要作用是利用立法、规划和资金等杠杆,为社区减灾创造一个良好的宏观环境。所以,推进社区减灾的法制化、制定社区减灾规划、完善防灾体系和提供配套资源是未来社区减灾中需要政府开展的重要工作。[②]

周洪建等侧重于社区减灾模式内容的研究。他们在比较中国"综合减灾示范社区"模式与国外"以社区为基础的灾害风险管理"模式异同的基础

①　参见史培军、耶格·卡罗等:《综合风险防范——IHDP 综合风险防范核心科学计划与综合巨灾风险防范研究》,北京:北京师范大学出版社 2012 年版,第 179—182 页。

②　参见吕芳:《社区减灾:理论与实践》,北京:中国社会出版社 2011 年版,第 164—173 页。

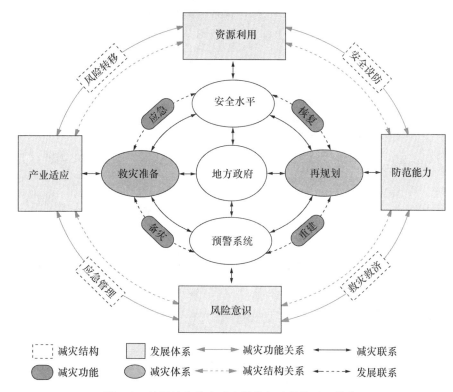

图 5.2　社区综合防灾减灾结构与功能体系一体化

上认为,在社区灾害风险管理中提高灾后恢复重建等相关内容的比例是未来发展的趋势。[①]

　　而作为社区综合减灾示范模式的主要推动者,民政部救灾司对模式的发展也进行了不断的探索。在 2012 年的调研报告中,民政部救灾司提出了改进和完善全国综合减灾示范社区创建工作的七条政策建议;在 2015 年全国综合减灾示范社区创建工作座谈会上,民政部救灾司对社区未来的减灾工作提出了四个方面的基本设想;在 2016 年的全国社区减灾工作座谈会上,民政部救灾司提出了下一步示范社区创建的六项重点工作。[②] 在这三次较

---

　　① 周洪建等:《社区灾害风险管理模式的对比研究——以中国综合减灾示范社区与国外社区为例》,载《灾害学》2013 年第 2 期,第 121—122 页。

　　② 这七条政策建议、四个方面的基本设想和六项重点工作见本书第二章第二节的内容。

为重要的政策建议中,2015 年提及的第二条建议与 2012 年提及的第三条建议一脉相承,都将综合减灾示范社区创建层级的提高或者说建立一种不再属于社区减灾范畴的新模式作为重要的政策建议。除这两条外,其他内容则是对现有社区减灾模式的调整,并不涉及社区减灾性质的改变。而无论是新模式的创建抑或是既有模式的调整,从发展的观点来看,都是对模式发展方向的一种探索,都会对建议提出之后一段时期的模式发展产生重要的影响。

这其中,最值得关注的是将综合减灾示范社区创建层级的提高。因为,这一政策建议对社区综合减灾示范模式发展的影响是根本性的。一方面,社区综合减灾示范模式的困境导致了这一政策建议的产生,并在一些地方如北京、湖北等地开始了综合减灾示范区、县、街道模式的试点与探索。[①] 从这个角度上说,社区综合减灾示范模式演变为更高层级的综合减灾示范模式,体现了模式的质变发展方式。另一方面,从变革的角度来看,这一政策建议的内容不再属于社区综合减灾示范模式调整的范畴,而是一种新的综合减灾示范模式的创建。

在 2016 年 12 月 19 日中共中央国务院颁布的《关于推进防灾减灾救灾体制机制改革的意见》和 2016 年 12 月 29 日国务院办公厅颁布的《国家综合防灾减灾规划(2016—2020 年)》中,都将"开展全国综合减灾示范县(市、区)创建试点工作"这一政策建议纳入了政策文件的重要内容。由此可见,在中国未来的防灾减灾工作中,这两种模式将会长期共存和相互影响。从目前开展试点的地区来看,综合减灾示范区、县、街道的模式同样融合了综合减灾的核心理念,在标准类型的设置上也与综合减灾示范社区的标准相类似,所不同的是,前者是基于更大的区域和更高的层级,在标准的具体内容上也由于资源、对象等要素的差异而有所区别。[②] 作为试图解决社区综合减灾示

---

① 试点情况参见湖北省民政厅救灾处《创新形式 夯实基础 探索推进综合减灾示范县创建工作》;北京市民政局救灾处:《创新社会管理 切实加强社区综合减灾能力建设》,资料来自"2015 年全国综合减灾示范社区创建工作座谈会"经验交流材料(内部资料)。

② 笔者主要以《湖北省综合减灾示范县(市、区)工作标准》和《北京市什刹海街道综合减灾示范标准》为案例进行了分析。参见湖北省民政厅:《关于开展综合减灾示范县试点工作的通知》(鄂减办发〔2016〕3 号)和北京市西城区民政局:《关于印发〈北京市西城区综合减灾示范街道标准〉的通知》(西民发〔2014〕32 号)。

范模式困境的一味"药方",综合减灾示范县(市、区)模式能否"药到病除",能否在国家防灾减灾救灾体制尚未深化改革的情况下,避免陷入与社区综合减灾示范模式相同的困境,有待于更多的试点之后才能判断。

与 2012 年、2015 年的政策建议相比,2016 年提出的六条建议中,第二至第六条基本都是对过去两次政策建议的重申或延续,第一条则是首次从深化综合减灾内涵的角度,鲜明地提出在中央层面推动不同示范社区创建的整合。尽管早在 2009 年国家减灾委办公室提交的《关于全国综合减灾示范社区定位和机制创新研究报告》中就提出了"综合减灾示范社区应与其他社区创建工作合理衔接,从而促进社区各项建设工作相互协调、相互推动"的政策建议,但由于诸多因素的影响,这一政策建议并没有得到很好的落实。此外,仅仅是工作的衔接也难以改变多个部门针对同一社区开展多种类似活动的现状。所以,在过去很长一段时间里,不同部门开展的各类示范社区创建、评比活动几乎让社区处于一种应付的状态,"在资源整合方面,除全国综合减灾示范社区外,其他部门还有类似示范社区的评比,导致社区忙于应付各种示范创建活动"[①]。随着我国防灾减灾形势的发展,尤其是综合减灾理念的深入人心和综合减灾协调机构作用的不断发挥,将相关部门的资源优势与基层的实践优势进行有机融合势必成为一种必然的趋势。从政策保障上看,《关于推进防灾减灾救灾体制机制改革的意见》在健全统筹协调体制部分明确提出了"统筹综合减灾"和"加强社区层面减灾资源和力量统筹"的具体内容;从实际情况来看,这种融合在各地的实践中也逐步形成一种态势,"除综合减灾示范社区外,现在其他部门也在开展安全气象社区创建、防震减灾示范社区创建等工作,虽然名称有所不同,但在实际创建工作中,各地不同程度地进行了联创"[②]。所以,从这个意义上说,在中央层面推动不同示范社区的整合是值得决策者在推动社区综合减灾示范模式发展中关注的重要内容和社区减灾模式发展的重要方向。

---

① 殷本杰:《转变观念 真抓实干 推动全国社区减灾工作迈上新台阶——在 2016 年全国减灾工作座谈会上的讲话》,资料来源于民政部救灾司减灾处。
② 同上。

二、模式发展的主要方向

从前面对模式发展的困境分析中我们可以看到，虽然经历了 2010 年和 2013 年两次大的调整，但社区综合减灾示范模式的缺陷和不足依然不同程度地存在。从公共政策的视角来看，导致这些缺陷与不足的主要原因就在于社区综合减灾示范模式本身的倡导性政策属性。所以，如何从倡导性的政策属性转变为强制性的政策属性，成为社区综合减灾示范模式未来相当一段时期内发展的主要方向。

而倡导性公共政策转变为强制性公共政策，则需要通过公共政策环境的改变来加以实现。而且，这一改变往往是一个渐进演变的过程，尤其是在涉及诸多利益的公共政策的改变上。按照一些学者的理解，环境是系统以外的一切事物[①]，这些事物在模式这个子系统之外构成"环境超系统"，并对模式产生各种不同的影响。在所有这些环境因素之中，特殊环境对模式的影响最为强大，牵引模式沿着合力的方向向前发展。具体到社区综合减灾示范模式，两个方面的因素对模式政策属性转变的影响甚为关键。

一是减灾制度的变迁。作为一种行为规则，制度不会一成不变，它同样会随着环境的改变而进行相应的变迁。制度变迁是制度的替代、转换与交易过程[②]，也是一个社会博弈、相互妥协的过程和瓜熟蒂落、水到渠成的过程[③]。在这一变迁的过程中，相关各方为寻求问题的解决通常会通过磋商或谈判表达各自所代表的利益诉求，并相互妥协而完成制度的变迁。所以，当模式发展遭遇制度瓶颈的时候，推动制度变迁也就成为解决问题的根本手段。从前面的分析我们可知，社区综合减灾示范模式陷入发展的困境，其根本原因就在于制度的制约。比如，前文提到现行财政支出科目不列支减灾科目，社区减灾的经费就难以保障；现行的防灾减灾体制不进行深化改革，综合防灾减灾统筹协调就难以有效进行；责任共担与风险分摊制度不完全

①　参见〔美〕弗莱蒙特·E.卡斯特、詹姆斯·E.罗森茨韦克：《组织与管理——系统方法与权变方法》(第四版)，李柱流等译，北京：中国社会科学出版社 2000 年版，第 164 页。

②　程虹：《制度变迁的周期——一个一般理论及其对中国改革的研究》，北京：人民出版社 2000 年版，第 11 页。

③　张曙光：《中国制度变迁的案例研究（第 1 集）》，上海：上海人民出版社 1996 年版，第 13 页。

建立,社区综合减灾协调机制就难以有效运行,等等。而不进行减灾制度的根本性改变,各种解决模式困境的药方就只能是"治标不治本",社区综合减灾示范模式也就难以完成从倡导性政策属性到强制性政策属性的转变。所以,在社区综合减灾示范模式的未来发展中,推动减灾制度尤其是影响和制约社区减灾的制度的变迁也就成为解决社区综合减灾示范模式发展困境的根本手段。

二是减灾意识的变化。意识是人的头脑对于客观物质世界的反映,是感觉、思维等各种心理过程的总和。① 意识往往是行动的先导,其强弱在很大程度上决定了社会公众行动的自觉与否。作为一种以公共政策方式推动的社区减灾模式,社区综合减灾示范模式事实上是对政府防灾减灾管理者、防灾减灾的社会参与者和社区居民的一种行为规范和政策约束。在强制性政策属性尚未具备的时候,他们的参与意识和行动的自觉性对社区综合减灾示范模式的有效运行和良好发展具有至关重要的作用。所以,从这个角度上说,作为诸多主体参与推动的社区减灾模式,社区综合减灾示范模式运行得如何、发展得快与慢,说到底取决于社会公众减灾意识的高低。当"我要减灾"的社会氛围逐步形成,人们减灾的责任意识、减灾的参与意识和灾害风险意识也就会相应地提高,社区综合减灾示范模式发展也就具有了强大的政府和社会推动力。不仅如此,社会公众减灾意识的逐步提高,对推动社区综合减灾示范模式由倡导性政策属性逐步演变为强制性政策属性也具有十分积极的作用。所以,在社区综合减灾示范模式的未来发展中,不断培育社会公众的减灾意识也就成为十分重要的行动选择。

随着国家防灾减灾救灾体制机制改革的深入推进,我们完全有理由相信,当减灾制度的变迁逐步完成,当社会公众的减灾意识逐步提高,当"我要减灾"的环境逐步形成,社区综合减灾示范模式也将完成从倡导性政策属性向强制性政策属性的历史转变。

---

① 中国社会科学院语言研究所词典编辑室:《现代汉语词典》(第6版),北京:商务印书馆2012年版,第1546页。

第六章
社区减灾模式的具体案例

　　水井坊街道的信息化建设和成都市社区综合减灾标准化建设对水井坊社区的综合减灾产生了积极的推动作用,使水井坊社区的综合减灾示范模式具有"信息化"和"标准化"的鲜明特色。

　　九峰山农村新社区的综合减灾工作在风险隐患排查、综合减灾档案管理、将减灾纳入社区管理体系、注重减灾设施投入等方面比较突出,形成了社区综合减灾示范模式运行的综合协调机制、主体参与机制和资金投入机制,为其他类似农村社区的综合减灾工作提供了参考范例。

　　在前面五章,我们分别从基本概念、历史演变、内容特征、运行机制和未来发展五个方面对社区综合减灾示范模式进行了描述和分析。在这一章,我们在实地调研和参考相关资料的基础上,按照背景、内容和评述的编写体例,撰写了四川省成都市锦江区水井坊社区和浙江省宁波市北仑区大碶街道九峰山农村新社区综合减灾的案例,以便读者更好地了解我国的社区综合减灾示范模式。

第一节　水井坊社区综合减灾示范模式①

一、背景

四川省成都市锦江区水井坊社区位于锦江区中部九眼桥头,系府河、南河两江环抱之地,历史悠久。社区面积 0.56 平方公里,由 19 条街巷组成,居民院落 24 个,社区人口约有 6 081 户,14 853 人。其中,60—69 岁的有 689 人,占总数的 4.6%;70—79 岁的有 564 人,占总数的 3.7%;80 岁以上的有 460 人,占总数的 3%;三个年龄段的老人总计 1 713 人,占总数的 11.5%。社区有远近闻名的国家一级保护文物——水井坊遗址,有成都市水上标志性建筑——安顺廊桥,有陈毅元帅的母校——锦官驿小学。辖区内单位包括香格里拉大酒店、锦官驿小学、工行芷泉支行等 10 余户企事业单位和 300 余户个体工商户。

由于建设时间长,水井坊社区内还留有大量老旧危房、部分低洼棚户,存在一定的火灾隐患和内涝隐患;辖区学校、餐饮业等易发生传染病疫情、食物中毒、群体性不明原因疾病等突发公共卫生事件;社区暂住居民超过 40%,有可能引发群体事件和盗窃、抢劫等社会安全事件。

水井坊社区先后被中央、省、市、区评为"全国安全社区""平安社区"等多个先进荣誉称号,2013 年被民政部授予"全国综合减灾示范社区"称号。

二、内容

1. 社区减灾的主体

水井坊社区建立了由社区综合减灾领导小组和社区综合减灾执行机构构成的社区综合减灾领导和执行体制(图 6.1)。领导小组组长由社区党委书记担任,副组长由社区主任、社区党委副书记和社区副主任担任,成员由社区班子成员担任(见表 6.1)。领导小组的主要职责是:传达及落实上级防

---

① 本案例主要根据水井坊社区 2013 年申报全国综合减灾示范社区的材料和笔者 2016 年 8 月实地调研时获取的资料整理而成。案例形成后经过水井坊社区审核并同意本书使用。

灾减灾指令；收集、掌握、上报灾情信息；制定防灾减灾救灾的具体方案；组织实施救灾应急工作；完成区政府和街道交办的其他事项。领导小组每周召开一次例会，专题研究防灾减灾和安全生产有关工作。综合减灾执行机构由 8 个小组构成，各小组均设有 1—2 名负责人（见表 6.2）。

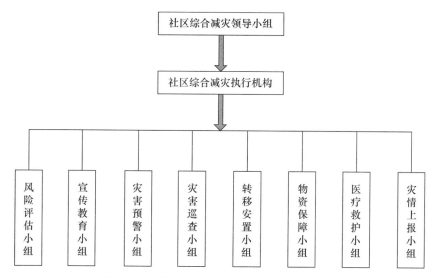

图 6.1　水井坊社区综合减灾领导和执行体制

表 6.1　水井坊社区综合减灾领导小组成员

机构内职务	姓　名	部　门	行政职务	备注
组　长	刘××	社区党委	书记	
副组长	包××	社区居委会	主任	
副组长	王××	社区党委	副书记	
副组长	何××	社区居委会	副主任	
副组长	魏××	社区治保会	主任	
成　员	杨××	水井坊社区	工作人员	
成　员	王××	社区居委会	委员	
成　员	刘××	社区党委	委员	
成　员	龙××	社区居委会	委员	
成　员	李××	社区居委会	委员	
成　员	贺××	社区治保会	副主任	
成　员	魏××	社区治保会	委员	

（续表）

机构内职务	姓　名	部　门	行政职务	备注
成　员	王××	社区治保会	委员	
成　员	张××	社区治保会	委员	
成　员	俞××	社区治保会	委员	

注：本表来源于水井坊社区2013年申报全国综合减灾示范社区的材料，应社区要求隐去了涉及个人信息的相关资料（下同）。如无特别说明，本节所有表格均来源于水井坊社区申报全国综合减灾示范社区的材料，且数据资料为申报当年的数据资料。

表 6.2　水井坊社区综合减灾执行机构负责人联络表

综合减灾机构	负责人	职务	联系方式
风险评估小组	包××	主　任	略
宣传教育小组	何××	副主任	略
灾害预警小组	龙××	安全员	略
灾害巡查小组	李××、叶××	工作人员	略
转移安置小组	王××	工作人员	略
物资保障小组	刘××	工作人员	略
医疗救护小组	何××	工作人员	略
灾情上报小组	涂××	工作人员	略

在其他参与主体方面，水井坊社区建立了由38名专业防灾志愿者和社会组织构建的应急工作网络以及12人构成的社区应急救援队，这些人员除做好隐患排查和信息上报工作，还协助社区做好灾害应急准备、紧急救援和群众转移工作；建立了"水井坊社区青年志愿服务队""防火防汛应急分队""老年志愿者分队""党员干部献爱心分队"等共计300余人的志愿者队伍，这些志愿者主要承担对社区居民宣传防灾减灾知识、组织社区居民参与防火防汛专业培训等工作；建立了专业志愿者名录清单（见表6.3），充分发挥这些专业志愿者在社区防灾减灾和应急救助中的专业优势。

表 6.3　水井坊社区综合减灾专业志愿者名单

姓名	性别	专业	团队名称	联系电话
刘××	女	略	×××××大学××学院	略
李××	女	略	×××××大学××学院	略
李××	女	略	×××××大学××学院	略

（续表）

姓名	性别	专业	团队名称	联系电话
杨××	男	略	×××××大学××学院	略
毛××	男	略	×××××大学××学院	略
幸××	女	略	××××学院××服务中心	略
饶××	男	略	××××学院××服务中心	略
谢××	女	略	××大学	略
鄢××	男	略	××大学	略
唐××	男	略	××大学	略
张××	男	略	××××学院	略
张××	男	略	××××学院	略
辜××	女	略	××××学院	略
蔡××	女	略	××××学院	略
李××	男	略	××××学院	略
张××	男	略	××××学院	略
向××	女	略	××××学院	略
张××	女	略	××××学院	略
田××	女	略	××××学院	略
李××	女	略	××××学院	略
陈××	女	略	××大学	略
胡××	女	略	××大学	略
郭××	女	略	××大学	略
罗××	女	略	××大学	略
张××	男	略	××大学	略
向××	男	略	××大学	略
吴××	男	略	××××大学	略

　　为发挥好社区内社会组织和志愿者的作用，水井坊社区还积极发动辖区社会组织和志愿者成立了"防灾减灾促进协会""平安健康促进协会"，并邀请"成都市应急救援队""成都应急志愿服务总队防震减灾分队""锦江区爱有戏社区文化发展中心"以及有专业救援、急救、安全等技能的志愿者，多次在辖区内开展有关生活安全、灾害救援、自救互救等知识的互动活动，并组织知识宣讲、培训沙龙等活动；组织社区志愿者深入每个院落，针对实际情况绘制院落应急疏散安全地图并在院落醒目位置张贴，使广大居民切实

掌握相关安全防范知识,进一步加强社区综合防灾能力。

为大力发动社区居民积极参与社区减灾活动,把家庭防灾作为社区防灾的重要组成部分,水井坊社区还制定了突发事件工作对策,形成了社区、单元、家庭三级应急组织网络。

2. 社区减灾的内容

水井坊社区减灾的内容主要包括以下四项工作:

一是开展社区灾害风险评估。水井坊社区根据当地气候条件、建筑物状况,对灾害风险进行评估,并根据评估结果绘制了灾害风险地图(见图6.2)。经评估,社区主要灾害风险为两类:(1)内涝,以暴雨、雷雨天气为主,可能诱发内涝,一般集中在7—8月份;(2)火灾,以夏季高温天气为主,可能诱发老旧院落火灾,一般在6—7月份。根据评估情况,水井坊社区制定了《社区自然灾害隐患清单》(见表6.4)、《社区各种交通、治安、社会安全隐患清单》(见表6.5)、《水井坊社区潜在的各类事故隐患清单》(见表6.6)、《水井坊社区部分外来人口(流动人口)清单》(见表6.7)、《水井坊社区各类灾害的居民危房清单》(见表6.8)、《水井坊社区灾害脆弱人群清单》(见表6.9)。同时,对重大隐患整治情况,按照要求实行登记(见表6.10)。此外,社区针对一些老弱病残人员制定了就近结对帮扶措施,确保灾害来临时有专人和他们结对进行应急疏散(见表6.9)。

表6.4 水井坊社区自然灾害隐患清单

名称	位置	隐患种类	级别	受影响区域(万平方)	受威胁(院落)居民户及人数	监测人	
						姓名	电话
××××号院(平房)	××××号	坍塌	小型	0.050	6户19人	陈××	略
××××号院(平房)	××××号	坍塌	小型	0.060	5户13人	陈××	略
××××××号院	××××号	内涝	小型	0.007	3户8人	陈××	略
×××××号院	××××号	坍塌	小型	0.011	5户14人	陈××	略
×××××号院	××××号	内涝	小型	0.021	7户19人	陈××	略
×××××号院	××××号	垮塌	小型	0.070	19户46人	叶××	略
×××××号院	××××号	内涝	小型	0.012	14户32人	叶××	略
×××××号院	××××号	内涝	小型	0.006	11户27人	叶××	略

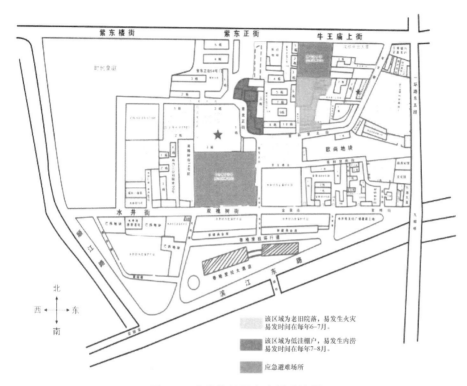

图 6.2 水井坊社区灾害风险地图

表 6.5 水井坊社区各种交通、治安、社会安全隐患清单

编号	院落	隐患原因	隐患种类	监测人	
				姓名	电话
1	×××××××号院	消防通道狭窄	火灾隐患	叶××	略
2	×××××××号院	消防通道狭窄	火灾隐患	叶××	略
3	××××号院（平房院落）	没有消防器材	火灾隐患	陈××	略
4	×××××××号院	消防通道狭窄	火灾隐患	何××	略
5	××××号院（平房院落）	没有消防器材	火灾隐患	陈××	略
6	××××号院（平房院落）	消防通道狭窄	火灾隐患	陈××	略

表 6.6 水井坊社区潜在的各类事故隐患清单

编号	院落	隐患原因	隐患种类	监测人	
				姓名	电话
1	××××号（平房院落）	电线老化、凌乱	火灾	陈××	略
2	××××号（平房院落）	电线老化、凌乱	火灾	陈××	略

（续表）

编号	院落	隐患原因	隐患种类	监测人 姓名	监测人 电话
3	××××号（平房院落）	电线老化、凌乱	火灾	陈××	略
4	××××号（平房片区）	电线老化、凌乱	火灾	陈××	略
5	××××××号院	电线老化、消防通道狭窄	火灾	叶××	略
6	××××××号院	电线老化、消防通道狭窄	火灾	叶××	略
7	××××号院（平房院落）	消防通道狭窄	火灾	陈××	略

表 6.7　水井坊社区部分外来人口(流动人口)清单

姓名	身份证	性别	民族
张××	略	男	汉族
向××	略	女	汉族
蒋××	略	男	汉族
吴××	略	女	汉族
……	……	……	……

注:原表共有 33 名人员及详细身份证号码,本表仅列 4 人并隐去相关信息。

表 6.8　水井坊社区各类灾害的居民危房清单

住房名称	住房地址	网格化管理人员	电话	备注
××××号院	×××××号	陈××	略	
××××号院	××××号院	陈××	略	
××××号院	××××号	陈××	略	
××××平房	××××号	陈××	略	
××××平房	××××号	陈××	略	
××××平房	××××号	陈××	略	
××××平房	××××号	陈××	略	
××××平房	××××号	陈××	略	
××××平房	××××号	陈××	略	
××××平房	××××号	陈××	略	
××××平房	××××号	陈××	略	
××××平房	××××号	陈××	略	
××××平房	××××号	陈××	略	
××××平房	××××号	陈××	略	
××××平房××号院	×××××号	陈××	略	
××××平房××号院	××××号	陈××	略	
××××平房	×××××号	陈××	略	

表 6.9 水井坊社区灾害脆弱人群清单

序号	应对自然灾害脆弱人员姓名	脆弱类别	脆弱人员地址	帮扶人员	联系电话
1	肖××	肢体残疾	略	刘××	略
2	徐××	肢体残疾	略	王××	略
3	刘××	肢体残疾	略	李××	略
4	肖××	智力残疾	略	何××	略
5	聂××	精神残疾	略	李××	略
6	旷××	肢体残疾	略	余××	略
7	谢××	智力残疾	略	陈××	略
8	李××	肢体残疾	略	何××	略
9	扬××	视力残疾	略	魏××	略
10	莫××	智力残疾	略	刘××	略
11	陈××	肢体残疾	略	刘××	略
12	文××	听力残疾	略	刘××	略

表 6.10 重大安全隐患整治登记表

单位（盖章）：　　　　　　　　　　　　　　　　　　　年　月　日

隐患地点		发现隐患时间		采取的措施	
可能造成的后果		整改情况		责任人	
				验收人	
隐患简介					
整治完成情况					
责任单位	签字（盖章）　年　月　日		行业主管部门	签字（盖章）　年　月　日	
办事处	签字（盖章）　年　月　日		区安监局	签字（盖章）　年　月　日	

二是编制应急预案并开展演练。在开展灾害风险评估的基础上，水井

坊社区绘制了社区综合避难、灾害应急疏散图（见图 6.3），并有针对性地制定了社区突发事件总体应急预案和消防安全、自然灾害等专门预案，落实了责任，明确了分工，形成了横向到边、纵向到底的救灾工作责任体系。2013年，水井坊社区制定了《水井坊社区突发公共事件总体应急预案》，并根据年度灾情和专项灾害预防，制定了《水井坊社区 2013 年安全预案》《水井坊社区2013 年防汛抢险预案》《水井坊社区灾害应急预案》等针对性较强的专门预案。另外，在灾害紧急情况时，水井坊社区对儿童、老年人、病患者、残疾人及孤寡老人等弱势群体，专门制定了应急方案，采取了适当的保护措施，使弱势群体能够及时得到救助和妥善安置。

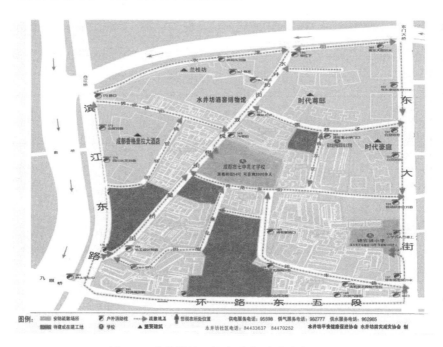

图 6.3　水井坊社区综合避难、灾害应急疏散图

　　社区每年还会根据年度工作重点，结合管理工作实际，对各项应急预案进行适时调整，不断完善和规范组织机构职责分工，细化工作条目和流程，更新发展应急处置队伍力量。同时，依托社区监控预警系统、信息化平台等，更好地实现了日常管理中的实时监控，紧急情况下人、财、物等资源的有效调度，极大地提升了预案的可操作性，为社区应急处置提供了可靠的指导

和保障。

2016 年社区规划调整以后,水井坊社区重新详细梳理了各项应急管理工作,重点对老旧危房及低洼棚户区安全隐患,学校及餐饮业等易发生传染病疫情、食物中毒、公共卫生等群体突发性事件,脆弱定向帮扶人群等方面进行全面梳理评估,并以此为依据制定了涉及消防安全、防汛、自然灾害、突发公共性事件等多方面的专项应急预案。

在应急演练方面,为使居民掌握减灾技能,提高防灾自救的能力,社区每年组织居民开展多种多样的应急演练活动。2013 年,社区举办了两次"防灾减灾救护"实地演练活动,卫生院的医护人员、消防单位的工作人员及社区救援队志愿者、社区居民共同参与了演练活动。通过演练,参演人员经历了一场紧张有序的救助行动,工作人员和居民群众增强了避灾的应变和快速反应能力,提高了居民对社区的认同感和归属感。2014 年,社区组织医院、学校、楼宇广场等企事业单位开展地震模拟疏散演习、校园应急逃生演练等活动,通过单位有效组织实施、政府积极配合指导、群众广泛参与学习,极大地调动了辖区全员参与应急演练的积极性。2015 年,社区联合医院、煤气服务站、学校等单位举办"科学减灾、依法应对"防灾减灾主题综合演练。此次演练包括紧急疏散、初期危情处置、伤员救护、应急救援队伍集结等多项训练科目,既是对防灾减灾的一次生动宣传,也是辖区应急处置力量的一次有效练兵。2016 年,在第八个"全国防灾减灾日"来临之际,社区联合社会公益组织及企业单位,开展了以"减少灾害风险,建设安全城市"为主题、以成都发生 7.0 级地震为背景的综合减灾宣传演练活动。通过有效组织疏散自救、科学处置次生灾害等科目的演练,指导居民群众开展减灾避险。

三是开展减灾宣传教育培训。为加强减灾工作的宣传教育,社区将成都市七中育才学校、成都市锦官驿小学作为防灾减灾教育场地,制作了 20 余米的减灾宣传栏,制订了切实可行的减灾教育计划,并使减灾宣传有计划、有目的地进行。同时,社区充分运用好宣传教育的有效载体,通过开展丰富多彩的文艺演出和公共安全教育课堂,引导居民自觉遵守减灾法律法规,了解灾害风险,掌握逃生自救、互救技巧。比如,2013 年社区举办专题减灾演出两场,社区居民约 500 余人次观看了演出;举办公安消防教育培训 8 次,社区居民百余人次参加。在此基础上,社区又制作了《防灾减灾知识宣传资料》2 000 余张,发放各类防灾减灾科普书籍 300 本。在 2016 年"全国防灾减灾日",社区通过带领居民参观应急避难场所的方式,帮助大家了解、认识身边的减灾标识,树立良好的减灾意识。总之,在近几年的综合减灾示范社区建设中,水井坊社区以形式多样的活动载体,切实提高了居民的防灾减灾知识素养和逃生自救、互救技能。

四是减灾设施建设和应急物资储备。水井坊社区最早在成都市第十七中学和均隆街 3 号电业局宿舍空地建立了社区应急避难场所,两处避难场所总面积为 3 000 平方米、可容纳 4 000 余人。2015 年,根据成都市出台的社区(村)综合减灾公共信息标识建设规范,水井坊社区在成都七中育才学校建立了总面积约 3 000 平方米、可容纳近 3 000 人的应急避难场所,并将社区 A 地块作为应急避难临时增设场地,将毗邻锦官驿社区内的锦官驿小学应急避难场所纳入社区应急避难第二点位,互为补充。同时制定了疏散导向标志、综合减灾平面示意图、避难场所标志、自然灾害隐患点警示标志、指挥场所标识、综合减灾宣传标识、物资储备标识、成都综合减灾标识等八大标识系统。这些标识沿着疏散路线,从居民家门口一直竖立到避难场所。特别是在每个复杂路口,都设置有明确的标准化疏散导向标志。每个市民从自家门口出发,就可以在沿途标志的引领下,一路走到最近的避难场所。

水井坊社区在避难场所设有安全警示标识和防灾减灾物资储备室,储备了灭火器、应急救生灯、救生衣、喊话器、消防过滤式自救呼吸器、安全帽、雨衣套鞋、手电、蜡烛及米油等物资,为社区在灾害发生时第一时间开展救助提供了物资保障。同时,社区也摸清了可使用的物资和装备的"家底",制作了辖区企业或个人可提供的应急物资表(见表 6.11),常用环境应急物资储备情况表(见表 6.12),应急车辆情况表(见表 6.13),辖区相关部门、企业或个人可提供的应急通信设备情况表(见表 6.14)。此外,社区还鼓励和建议居民在家中配备急救包、逃生安全绳(条)等减灾用品。

表 6.11　辖区企业或个人可提供的应急物资表

制表单位:水井坊社区　　　　　　　　　　　　　　　制表时间:2013 年 3 月 2 日

物资名称	数量	物资储备库地点	联系人及电话
手电筒	2 个	1 号储备点	龙××(电话略)
斧头	1 个	1 号储备点	龙××(电话略)
雨鞋	2 双	1 号储备点	龙××(电话略)
应急指示	2 个	1 号储备点	龙××(电话略)
话筒	2 个	1 号储备点	龙××(电话略)
抽水机	2 台	2 号储备点	王××(电话略)
雨衣	12 件	1 号储备点	龙××(电话略)

表 6.12　常用环境应急物资储备情况表

制表单位:水井坊社区　　　　　　　　　　　　　　　制表时间:2013 年 3 月 2 日

物资名称	数量	物资储备库地点
堵漏沙土	5 方	××××号院附××号
活性炭		
吸油毡		
石灰	1 方	××××号院附××号
盐酸		

表 6.13　应急车辆情况表

制表单位:水井坊社区　　　　　　　　　　　　　　　制表时间:2013 年 3 月 2 日

车辆及型号	数量	联系人及电话
推土机		
挖掘机		
运输车辆	2 台	赖××(电话略)
起重机		
洒水车	1 台	方××(电话略)

表 6.14　辖区相关部门、企业或个人可提供的应急通信设备情况表

制表单位:水井坊社区　　　　　　　　　　　　　　　制表时间:2013 年 3 月 2 日

通信设备名称	数量	型号
对讲机	12 台	"万华"牌

水井坊社区的综合减灾重视科技设施应用。社区利用街道信息化平台将科技手段融入防灾减灾工作中,全面提升社区防灾减灾能力。通过整合

天网、院落和单位监控设施,实时监控基本覆盖了社区各个要道路口、居民院落,做到社区安全情况实时掌握。同时在街道信息指挥中心建立了总控制台,将实时监控信号汇总,实现全域监控共享,为灾害监测、风险防控、日常管理以及灾情处置等提供了基础条件。在灾害来临时,不管是防灾减灾队伍还是普通居民群众都可以利用手机端 APP 对灾情进行拍照并上传平台,既可以让社区实时掌握灾难发生时的各种情况,又能够让指挥总调度台据此及时安排救援力量、掌握救援进度、提供物资需求,为专业人员和社区居民共同有效处置灾害事件和开展灾后救援等工作提供帮助,极大地提高了社区灾害防控能力。

3. 社区减灾的管理

水井坊社区减灾的管理主要包括以下三个方面的内容:

一是社区减灾的组织管理。水井坊社区不仅成立了社区综合减灾工作领导小组,形成了综合减灾工作机制,还建立了综合减灾工作制度。根据社区减灾工作管理流程和主要安全隐患问题,水井坊社区制定了《水井坊社区减灾领导工作组制度》《水井坊社区减灾执行工作组制度》《水井坊社区应急减灾工作制度》《水井坊社区减灾日常管理制度》《安全生产委员会工作制度》《重大火灾隐患报告制度》《成都市七中育才安全工作制度》《成都市七中育才交通安全管理制度》《成都市七中育才消防安全管理制度》《火灾隐患举报制度》等一系列工作制度,使防灾减灾工作有章可循。此外,社区还对用于防灾减灾工作的资金进行了有效管理,每年社区防灾减灾宣传演练预算费用约 1 万—2 万元,所有资金的使用都由居民代表会议议定,理财小组监督,并进行财务公开和年终财务审计。

二是社区减灾的日常管理。水井坊社区建立了综合减灾考核管理制度和相关人员的日常管理制度;定期对隐患监测、应急预案、脆弱人群应急救助等各项工作进行检查;定期对社区综合减灾工作开展评估,针对存在的问题和不足,及时整改。

三是社区减灾的档案管理。水井坊社区有专人负责记录社区综合减灾相关工作过程的照片、音像等资料,对综合减灾的相关资料统一整理,形成专档并实行电子化管理。

三、评述

通过前面的案例描述我们可以看到,水井坊社区在综合减灾示范社区建设中,重视对灾害风险隐患的排查和防灾减灾的制度建设,充分利用社会资源,发挥了社会组织和志愿者的作用,形成了良好的社区减灾综合协调、主体参与和资金投入等运行机制,为其他类似城市社区的综合减灾工作提供了范例。

在调研中,我们也发现,水井坊街道的信息化建设和成都市社区综合减灾标准化建设对水井坊社区的综合减灾产生了积极的推动作用,使水井坊社区的综合减灾示范模式具有信息化和标准化的鲜明特色。

在防灾减灾信息化平台建设方面,2012 年水井坊街道建立了社会管理和公共服务信息化平台。该平台围绕"三中心一组织"(即政务服务中心、民生服务中心、社区管理中心和社会组织管理)建设,综合运用了 3D GIS 地理信息系统、虚拟组网、智能监控和物联网等现代信息技术,设计制作了辖区3D GIS 区域三维地图导航平台。这套地图通过三维界面直观显示辖区内的道路、院落、医疗网点、教育机构、服务网点、社会救助体系等信息,关联房屋建筑、居民院落、企事业单位和商家,能够根据人员、单位、电话、路名等相关条件进行模糊查询,并按不同人员、不同单位类别进行查询、统计。同时,三维地图还与辖区内的视频监控系统无缝链接,可通过点击院落建筑直接调取实时监控画面。在灾害来临时,可将社区受灾情况、救援进度和各种物资的需求实时准确地传回指挥中心,极大地方便了水井坊社区的社会管理和灾害防控工作。2014 年水井坊街道所属的两个社区在办公区域、养老助残关爱中心、社区活动中心以及 23 个院落安装了 133 台监控设施,在街道信息指挥中心建立了总控制台,将两个社区的实时监控信号汇总,实现街道的全域监控共享。该视频监控平台还可以为三维地图导航平台提供实时视频画面,这不仅可以对居民院落的物业服务情况进行实时管理,使物业全覆盖工作得到提档升级,也为水井坊社区灾害监测、应急防控、日常管理、服务、安全防范以及突发事件处置等提供了基础条件。

在社区综合减灾标准化建设方面[①],2013 年 9 月,成都市民政局启动社区(村)综合减灾标准化建设试点工作,在社区(村)建设标准化的避灾标识系统,让人们沿着标准化避灾标识有序流动,科学和安全避灾。在试点的基础上,2015 年 5 月,成都市出台社区(村)综合减灾公共信息标识建设规范,制定八大标识系统即疏散导向标志、综合减灾平面示意图、避难场所标志、自然灾害隐患点警示标志、指挥场所标识、综合减灾宣传标识、物资储备标识、成都综合减灾标识。这些标识沿着疏散路线,从居民家门口一直延伸到避难场所。标识细分之后,指示明确,能够有效缩短避灾时间。社区居民出家门、出单元、出楼栋,通过各类标准化避灾标识标牌提示,可以自发、有序、就近沿着疏散线路进行避灾。同时,随处可见的防灾减灾标识,也大大提升了居民的防灾意识和能力。

水井坊社区是四川省成都市社区综合减灾标准化建设试点单位之一。2016 年,水井坊社区根据四川省成都市综合减灾公共信息标识建设要求,执行四川省(区域性)地方标准(DB 510100/T 143—2015)《社区(村)综合减灾公共信息标识建设规范》和成都市减灾办《社区(村)综合减灾公共信息标识建设图例汇编》(成减灾办〔2015〕5 号)要求,全部统一了社区防灾减灾标识,进一步提升了社区的综合减灾工作。

第二节　九峰山农村新社区综合减灾示范模式[②]

一、背景

九峰山农村新社区(以下简称"九峰山社区")成立于 2009 年 2 月,隶属于浙江省宁波市北仑区大碶街道,距北仑城区 5 公里,辖区面积近 30 平方公里。截至 2016 年 10 月底,社区内有 9 个行政村、3 支驻地部队、一个 4A 级风景旅游区、250 余家中小企业,本地村民 6 779 人,外来人口 7 000 余人。社

---

① 关于社区减灾标准化建设的相关内容,读者可参阅吴宏杰:《遵循规律 标准引领 构建社区(村)综合减灾新格局》,载《中国减灾》2016 年第 11 期,第 61 页。

② 本案例主要根据笔者 2016 年 10 月赴九峰山社区调研收集整理的资料撰写。案例形成后经九峰山社区审核并同意本书使用。

区有三个鲜明特点：一是山林多，春秋季节、大风天气易引发森林火灾；二是汛期长，境内建有一座中型水库，梅汛期、台汛期长达半年，易引发山洪；三是企业多，企业的生产、消防安全压力较大。

近年来，九峰山社区在各级各部门的关心和指导下，以打造平安和谐社区为落脚点，创新工作思路，整合部门资源，构筑减灾服务平台，初步形成了"政府引导、社区运作、社会支持、公众参与"的防灾减灾工作新格局。2011年12月，九峰山社区被民政部授予"全国综合减灾示范社区"称号，并且受到联合国减灾机构的好评。

二、内容

1. 社区减灾的主体

九峰山社区党委高度重视防灾减灾工作，以"三位一体"的社区管理体系为依托，打破行政村、企事业单位各自为政、重复治理的局面，整合多方资源，实现共建合作。一是以社区为主体，成立了由社区联合党委副书记为组长的社区综合减灾管理协调小组（见图6.4）；以监控中心为指挥平台，设立综合减灾工作的运行、评估和改进机构，同时发挥社区卫生服务站、综治警务室、"老娘舅"理事会、"自家人"服务连锁站等平台优势，构成工作内涵放大的核心力量。二是以村为基础，成立了由辖区内9个行政村的村干部、灾害信息员、老年协会会员及"老娘舅"理事会成员组成的负责水库及山林日常管理、灾情隐患排查等工作的专业队伍，构成工作外延拓展的必要力量。特别是2015年8月以来，街道推行综治、安监和消防的网格化管理，给社区每位灾害信息员发放了一台安装有平安通、e宁波、安监和消防等APP的手机，通过这些平台客户端，可以把拍摄的隐患、灾害的照片和视频实时上报街道，实现了灾情的网格化动态管理。三是以企事业单位、驻地部队为依托，建立了以社区公共服务中心、驻地部队为中心，村级避灾点为分支，布局合理、层次分明的应急避灾体系。与加贝超市等企业签订应急供货协议，形成了"社区主导、街道支援、企业协作"三位一体的应急物资储备保障机制，并安排专职人员负责救灾物资的分类监管、更换和存放，构成工作整体助推的依靠力量。通过将各方资源优势与实践优势有机融合，建立相互促进、协同作战的共建合作机制,使"减灾从社区做起"迸发新的活力。

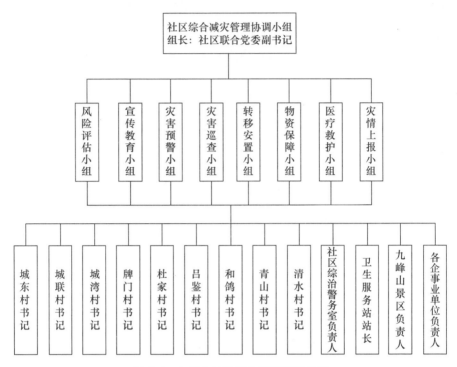

图 6.4　九峰山社区综合减灾管理机构

资料来源:本图来源于九峰山社区综合防灾宣传展板。

2. 社区减灾的内容

九峰山社区减灾的内容主要包括以下四个方面:

一是开展社区灾害风险评估。根据九峰山社区的环境特点,九峰山社区通过调查、走访有经验的老年居民、咨询上级各相关部门、到现场进行实地勘察和记录等方式,较为全面、详细地掌握了九峰山社区灾害风险隐患的情况。目前,九峰山社区存在以下九类灾害危险隐患。

(1)台风、山洪和泥石流灾害危险隐患。九峰山社区地处浙江东部沿海,每年 7—8 月份会受到来自太平洋上的台风袭击,风力最大可达 12 级以上。每年台风来袭,会带来持续的狂风、暴雨,并引起河流、溪坑和水库的水位上涨,严重影响社区居民的生产生活。在台风来袭强度大的时候,甚至会引发山洪、泥石流,给社区造成灾难性的后果。2005 年,"卡努"和"麦莎"台风袭击九峰山社区的时候,带来了持续一周的狂风暴雨,并引发了山洪和泥石流的爆发;大量的洪水夹杂着泥沙、石块和树枝从山上汹涌而下,冲毁了许多房屋和桥梁,给社区居民在物质上和精神上造成了难以估量的损失。

(2)森林火灾危险隐患。九峰山社区地处丘陵和平原交界处,背倚九峰山脉,每到春秋季节,天干物燥,风力大增,野外用火不慎极易引发森林火灾。而在大风的作用下,火苗会顺着风向蔓延,引发大面积的森林树木着火,给社区的植被绿化和生态环境带来非常大的影响。从历年情况来看,类似森林火灾发生的可能性比较大。

(3)建筑物火灾危险隐患。九峰山社区地处城乡接合部,区域内有大量的工厂、商店和居民房。工厂的生产用电、社区居民使用明火做饭和使用电器都极易引发火灾。而一旦这样的火灾发生,将直接给社区居民带来经济上的损失,严重时甚至造成人员伤亡。

(4)旱灾危险隐患。九峰山社区地处浙江东部沿海,并不是淡水资源缺乏的地区,但是在当今全球气候变暖、极端天气频发的大环境下,发生旱灾的可能性还是存在的。一旦旱灾发生,供水将实行配给制,这对社区居民的日常生产生活将造成影响。

(5)地震危险隐患。根据地震板块学说,像日本这样的国家之所以地震灾害频发,是因为它的地理位置处于亚欧和太平洋这两大板块的交界处。当这两大板块互相产生碰撞和挤压的时候,就会引发日本的地震。我国台湾地区地震频发也是基于这样一个原理。而九峰山社区从地理位置看,并不处于两大板块的交界处,但是距台湾较近,每当台湾发生地震的时候,九峰山社区都会有震感。所以,地震灾害也是一个不可忽视的风险。

(6)蝗虫、白蚁等生物灾害危险隐患。蝗灾一旦发生,将会对社区的农作物和森林植被造成毁灭性的影响。蝗虫所过之处,将会寸草不生,给社区居民的生产生活带来严重影响。古时有"千里之堤,溃于蚁穴"的说法,说的正是白蚁的惊人危害。九峰山社区的白蚁活动情况一直处于白蚁防治部门的严密监控之下,但也不能排除特殊情况的发生。

(7)公共卫生隐患。主要包括:传染病隐患,生产生活用水和食品卫生隐患,垃圾、废气、废水处理隐患,餐饮、服务行业卫生隐患。

（8）治安、社会安全隐患。和鸽、城东、城联、城湾四个村位于九峰山脚下、太河路边上，地处偏僻，存在的主要治安隐患是聚众赌博等，容易成为犯罪分子的聚居地；牌门、青山、清水、杜家、吕鉴五个村地处 329 国道与太河路附近，交通方便，外来人员流动频繁，存在的主要治安隐患是易发生入室盗窃、诈骗、扒窃、飞车抢夺、拐卖妇女儿童、聚众赌博等各类治安与刑事案件。

（9）潜在的供电、供水、供气和通信等四类生产事故隐患。潜在供电事故隐患：九峰山社区供电分为清水线、杜家线、城湾线、和鸽线四条线路，负担着九个村的企业和居民用电。任何一条线路出现问题，都会对居民的生产生活产生影响。潜在供水事故隐患：九峰山社区的所有供水都是来自大碶水厂的自来水。社区九个村于 20 世纪 80 年代中期第一次铺设供水管道，经过近 15 年使用都已经老化，之后统一进行了二次水改，所有供水管道都重新铺设了一遍，消除了因水管老化对自来水质量造成影响的隐患。潜在供气事故隐患：九峰山社区区域范围内，所有社区常住居民和外来人员全部使用瓶装煤气，供气都从牌门兴光煤气供应站充气。所以发生供气事故的隐患存在于两方面：一方面是兴光煤气供应站的自身安全防范措施，防止在储气和充气过程中发生事故；另一方面是居民自身在用气过程中对于煤气瓶的保养、使用要规范，使用煤气明火要注意安全，防止发生煤气中毒和火灾事故。潜在通信事故隐患：九峰山社区区域范围内，电信、移动、联通三家的主机房、供电房和信号天线网络分布于社区的各个节点位置，存在受到不法犯罪分子偷窃和破坏的可能。而根据派出所的案件记录，自社区成立以来，确实发生过这类案件。一旦这些通信节点设施遭到破坏，轻则给社区居民的生产生活造成影响，重则会对居民身体健康和生命安全造成威胁。

根据排查出的灾害风险隐患，经过创建工作领导小组仔细研究、统筹安排，组织社区精兵强将，精心编撰了九峰山社区的灾害风险地图。

为准确、及时掌握辖区灾情相关情况，九峰山社区发动各方力量参与基本情况统计、灾害风险排查等工作。把社区党员志愿者、村干部、综治警务室人员吸纳进灾害信息员队伍，实行每日动态巡查；发挥"老娘舅"理事会的基层优势，每两个月开展一次灾害风险排查，并对隐患排查情况进行实时登记（见表 6.15）。2016 年 11 月，已排查社区住房及公共设施隐患 38 处，严重灾情风险点 5 处,弱势人群 2 263 名。同时,九峰山社区根据人口综合信息库,明确结对转移的对象,联系需要转移的人员。针对儿童、老年人、患病者、残疾人员等弱势群体,社区编制了脆弱人群清单(见表 6.16),制定了发生突发灾害时保护弱势群体的工作对策,采用一对一、多对一的应急帮扶措施,确保在灾情发生时,他们能够顺利地转移到安全区域。

表 6.15　九峰山社区脆弱公共设施及建筑物隐患登记表

单位名称:			建筑类型:		
所处行政村及门牌号:					
建筑位置:	东面:	南面:	西面:	北面:	
建筑面积:					
建筑结构:	水泥砖混	黄泥砖混	老式砖混	土坯	其他
建筑其他信息					

表 6.16　九峰山社区脆弱人群清单

序号	应对自然灾害脆弱人员姓名	脆弱类别	脆弱人员地址	帮扶人员	联系电话

二是编制应急预案并开展演练。在风险评估的基础上,九峰山社区结合社区所在区域环境、灾害发生规律和社区居民的特点,制定各种预案。2009 年以来,社区先后制定了《九峰山社区突发公共事件应急预案》《九峰山社区突发公共事件应急救助预案》《重大安全生产事故减灾预案》《强台风气候减灾预案》《紧急避灾减灾预案》等,明确应急工作程序、管理职责和协调联动机制,尤其是应急反应、群众转移安置、基本生活保障等方面的职责明确,责任落实到人,形成了横向到边、纵向到底的救灾工作责任体系,进一步规范了紧急状态下救助工作程序和管理机制。同时,完善的减灾预案在灾后重建中也发挥了积极的作用。当灾害发生后,社区根据预案及时组织居

民抗灾自救,抓紧做好灾后重建,发动全社会力量对灾民进行全方位救助,帮助人民群众尽快恢复生产生活。

为做好演练工作,九峰山社区针对危房、水库下面、山旁边等的房屋,认真进行排摸,确定相对严重灾情风险点,分别制定了《九峰山社区台风、山洪和泥石流紧急疏散演练方案》《九峰山社区火灾紧急疏散演练方案》《九峰山社区脆弱人群紧急疏散演练方案》。据统计,自2009年以来,社区共开展演练42次。通过开展各种演练活动,社区居民清楚地了解了社区的各类灾害风险,普遍掌握了必要的紧急疏散、自救互救等基本技能,知晓了本社区的避难场所及行走路线。

三是开展减灾宣传教育与培训。九峰山社区结合社区特点,开展了立体化的减灾宣传。(1)以宣传为途径,培育减灾文化。社区大力开展宣传周活动,通过在辖区各村、企事业单位张贴防灾减灾宣传画、发放宣传材料、制作宣传展板,拓展蒲公英宣讲团、救灾应急广播、社区飞信平台、社区报、假日课堂等有效载体,将安全知识、防灾常识、灾情警报以文字、图片、视频等多种形式传送入户,并在社区设立了综合避险动漫园、灾后回顾警示园,营造浓厚的防灾减灾宣传氛围。社区居民还自发组建了合唱队、舞蹈队、舞龙队、戏曲队等文艺团队,组织编排了防灾减灾题材的文艺节目,赢得了辖区群众的一致好评。(2)以活动为载体,拓展受众范围。社区设立了减灾知识讲堂,在辖区内广泛开展了提高防灾意识、普及避险知识、培育应急技能、提高处置能力等主题系列讲座,并利用寒暑假期间,对少年儿童进行防台、防汛、防火教育。据统计,2009年以来,九峰山社区组织各类专业培训讲座40多期,受众人数达5 000多人次。同时,社区通过开展知识竞赛、文艺演出、有奖抢答等多种形式的宣传活动,使减灾知识更加贴近群众、贴近生活。(3)以体验为平台,普及实践技能。九峰山社区以“全国防灾减灾日”“消防安全日”“安全生产日”等重要节日为契机,邀请消防、供电、卫生、安全生产等部门,通过与辖区企事业单位开展共建活动,定期组织社区村民及企事业单位人员开展自救互救、灭火、逃生和抢险等方面的防灾演练和培训,着重加强救生设备的使用和急救技能培训,提高应急避险、自救互救以及心理承受等能力,使群众的自我救护意识不断提升,能力不断增强。

四是加强减灾基础设施建设和应急装备配备。在这方面,九峰山社区主要抓了三项工作。(1)抓科技减灾。在社区九个村各家各户内安装报警装置,并在村重要位置安装 96 个监控摄像头,对社区突发公共事件实现动态化全方位监控;利用社区建立的网站和移动网络信息平台,及时向区域内村民发送本区域灾情的动态信息,并将各种科学的自救处理方法传达给所有村民。(2)抓设施投入。社区不断完善各类减灾设施,对必备的物资进行及时储存,以备不时之需。在避灾点建设上,九峰山社区以各行政村现有的办公楼、老年活动中心为基础,结合辖区内企业和驻地部队可利用房屋,统筹规划,合理进行设置,确保这些场所都能在需要时立即开启,及时安置紧急转移的人员。在物资保障上,社区和各避灾点每年都投入一定资金添置更新消防器材、编织袋、木桩等减灾物资,并在台风季节前夕等特定的时间段进行认真检查、督促,确保物资落实。为保障紧急事件发生时安置在避灾点的群众的基本生活,各避灾点都配备了必要的床铺、被褥、减灾灯、灭火器材、急救药物等减灾物资。同时考虑到避灾点在使用中会受到时间、人数等众多变量的影响,对食品、药物等有保质期的必需物资,社区定期安排工作人员进行检查,以防灾害来临时,食品、药物等过了有效期。(3)倡导家庭配备减灾产品。社区部分居民家庭配备了灭火器、安全绳、应急灯、急救包等自救设备。

3. 社区减灾的管理

九峰山社区减灾管理主要包括以下三个方面内容:

一是加强社区减灾的组织管理。成立了社区综合减灾管理协调小组,并针对日常工作制定了《大碶街道九峰山社区减灾工作制度》《九峰山社区综合减灾物资器材仓库管理制度》《九峰山社区灾害信息员工作职责》。在资金管理方面,社区每年投入 4 万余元综合减灾资金,用于社区综合减灾物资仓库的建设和照明灯、毛毯、凉席、铁锹、雨衣、雨鞋、方便面、饮用水等救灾应急物资的采购。另外,社区还在综合减灾资金中分拨出一部分款项,用于社区综合减灾工作人员的培训和组织针对各类灾害的综合减灾演练。所有减灾资金的使用,都由九峰山社区综合减灾示范社区创建工作领导小组开会讨论安排,资金的账目管理与核算由街道会计事务中心负责,并且由社区出纳负责资金的日常收支使用。

二是加强社区减灾的日常管理。社区制定了《九峰山社区减灾日常工作管理制度》,对九峰山社区防汛防台联络员、水库山塘巡查、地质灾害监测、房屋保安排查、避灾场所管理、后勤保障和医疗卫生保障等方面的考核标准进行了规定;制定了《九峰山社区防灾减灾设施日常维护管理制度》,建立了检查记录制度,及时填写《九峰山社区综合减灾应急救助检查记录表》(表 6.17)、《九峰山社区隐患监测及防灾减灾设施检查记录表》(表 6.18)等记录表,并针对出现的问题提出具体改进措施。

表 6.17　九峰山社区综合减灾应急救助检查记录表

检查名称			
检查时间	年　月　日	检查地点	
检查对象		检查人员	
照片			
备注			

表 6.18　九峰山社区隐患监测及防灾减灾设施检查记录表

检查名称			
检查时间	年　月　日	检查地点	
检查对象		检查人员	
照片			
备注			

三是加强社区减灾的档案管理。九峰山社区建立了四个基本信息库。(1)灾害事故信息库。根据社区的地理位置、社会经济发展现状及以往突发事件的发生情况,分析可能遭受的灾害,把台风、洪涝、雷击、泥石流等自然灾害和火灾、食物中毒、供水供电通信事故等突发事故的特征、灾害发生时可能造成的影响和处置措施,输入到事件信息库,以备随时查找,并作为以

后同类事件处理的依据和参考。（2）人口综合信息库。在社区掌握的人口
信息基础上，对社区、企业内的户籍人员、外来人口信息及时调查、登记，形
成区域内人口综合数据信息，形成规范、简洁、易查的档案资料，便于各种信
息的传递和各种减灾宣传活动的组织，以利于社区减灾工作落实到位。
（3）单位组织综合信息库。对区域内 133 家企业、学校、行政事业单位及 3
家驻地部队进行登记造册，并与其保持信息的通畅传递，以便各单位组织内
局部小团队形成减灾工作战斗力，提高减灾工作的效率。（4）公共设施基本
信息库。掌握辖区的各类公共建筑、公共设施规模和使用情况，统筹社区内
可供防灾、减灾、救援的一切资源。四个信息库的建立，为社区减灾工作的
顺利开展奠定了坚实的基础。九峰山社区在信息库建成后，安排专门人员
专门管理，每月对重点信息进行动态摸查更新，及时掌握村民的最新情况，
为减灾工作开展做好了充分的准备。

三、评述

通过前面的案例描述我们可以看到，九峰山社区的综合减灾工作在风
险隐患排查、综合减灾档案管理、将减灾纳入社区管理体系、注重减灾设施
投入等方面比较突出，形成了社区综合减灾示范模式运行的综合协调机制、
主体参与机制和资金投入机制，为类似农村社区的综合减灾提供了参考
范例。

在综合协调机制方面，九峰山社区成立了社区综合减灾管理协调小组，
并以"三位一体"的社区管理体系为依托，建立了有效的综合协调机制。

在社会力量参与机制方面，社区党委依托和谐共建理事会平台，引导企
事业和社会组织参与综合减灾工作。辖区企事业单位、驻地部队根据自身
的特点，以组建救灾义工队伍、无偿帮助群众、提供减灾物资等多种形式，为
减灾工作出力。几年来，在抗击"海葵""菲特""灿鸿"等超强台风过程中，驻
地部队累计动员官兵 500 多人次，协同各方力量落实抢险、避灾点安置等工
作，累计转移群众 3 000 多人次；农业园区工作人员及时协助做好农业设施
加固工作；加贝超市全程保障，为避灾点提供生活物资；社区卫生服务站实
行午休日轮班制，提供灾时医疗救助及心理疏导；企业志愿者主动为灾民转

移提供用车保障;党员志愿者积极到太河路上抢扶树木,确保交通畅通;大学生志愿者则深入避灾点,利用图书室、活动室等硬件设施,组织群众开展文娱活动,为避灾群众营造轻松舒适的避灾环境。在灾后恢复重建中,九峰山社区积极发挥社会组织的资源优势,有效开展各项灾后恢复工作,确保实现让群众满意的目标。"自家人"连锁服务站开通了"便民服务热线",及时上门为村民提供房屋修缮、管道疏通、水电维修等服务,并向弱势群体发放爱心服务卡,提供无偿的公益服务。在街道、社区卫生机构指导下全面开展灾后消杀的基础上,社区高度重视灾后心理支持工作,通过社区卫生服务站心理干预、九峰大讲堂系列讲座、"老娘舅"一对一心理辅导、蒲公英村头宣讲团开展心理援助教育,利用综合减灾飞信平台向社区居民发送心理援助信息,截至 2016 年年底,已向 4 000 多人次提供各类心理服务,帮助受灾群众恢复重建信心。在应急队伍建设上,九峰山社区把建设应急队伍、提高应急处理能力作为社区减灾管理工作的一项重要任务,整合社区民兵连、辖区警务室等有效资源,认真做好应急队伍的规划、组织和建设工作。根据辖区发生突发公共事件的种类和频率,按照先期应急处置的要求,坚持分类建设、专兼结合的原则,不断加强社区减灾综合应急队伍、志愿者队伍的建设,确保在灾害来临时发挥作用,最大限度地减少人员伤亡和财产损失。

在资金投入机制方面,九峰山社区除了自己每年投入 4 万余元综合减灾资金外,还积极拓展其他资金投入。在社区层面,社区以成片推进新农村建设为契机,动员企业、集体经济组织、驻军、村民等力量积极参与进来,特别是通过村企结对等活动,为设施建设提供了资金保障;以社区及行政村办公楼、老年活动中心为重点,驻地部队、企事业单位为依托,强化 12 个避灾点的人性化建设,拓宽应急避险内涵。由社区和谐共建理事会和企业提供资金,部队提供人力和避灾场地,打造集应急避灾、科普宣教、文化娱乐为一体的新型避灾场所,实现了平时使用和灾时应急相结合,提高了避灾设施的使用效率。在上级资金支持方面,北仑区水利局累计投入 1 000 余万元对城湾水库进行除险加固和溢洪道改造,有效改善了下游流域周边住户及企业的防洪条件,并耗资 1 200 余万元对因灾损毁的 7 000 余米溪坑进行修复;由区政府和大碶街道财政支出经费,着力改善群众居住条件,安置移民 500 余户,改造危旧房 50 多间；2010 年，大碶街道投入 150 万元，在 9 个行政村每家每户安装报警装置，在村道重要位置安装 96 个监控摄像头，实现灾情隐患全方位动态监控；2015 年，大碶街道综治办又投入资金 30 万元进行监控改造，逐步把社区原有普通监控摄像头升级为高清摄像头，进一步提升了对隐患和灾情的实时掌控能力；从 2014 年 11 月开始，上级民政部门每年还为辖区村民投保家庭财产损失、人身伤亡抚恤、见义勇为等三类公共巨灾保险，最高赔偿限额分别为财产损失 2 000 元、人身伤亡 10 万元，有效提升了社区村民抵御灾害风险的能力。

附录 1
中央层面相关典型政策

附录 1.1 全国"减灾示范社区"标准（2007 年版）

一、基本条件

1. 居民对社区减灾状况满意率大于 70%；

2. 社区近三年内没有发生因灾造成的较大事故；

3. 小区居民户数应具有一定的规模（小区居民一般应达 2 000 户，新建小区入住率达 80%）。

二、标准

1. 健全减灾管理和组织领导机制。重视社区减灾工作，成立了负责社区减灾工作的组织；社区有规范的减灾工作制度；社区组织了志愿者队伍，协助社区开展减灾工作；社区对儿童、老年人、病患者、残疾人等弱势群体清楚，明确了在发生突发灾害时保护弱势群体的工作对策；建立了社区减灾工作档案。

2. 制定社区灾害应急救助预案并定期演练。根据《国家突发公共事件总体应急预案》《国家自然灾害救助应急预案》以及地方政府制定的应急预案，结合社区所在区域环境、灾害发生规律和社区居民的特点，有针对性地制定了社区灾害应急救助预案，明确了应急工作程序、管理职责和协调联动机制,尤其是应急反应、群众转移安置、基本生活保障等方面职责明确,责任落实。社区在有关部门和单位的支持、配合下,每年组织社区居民开展形式多样的预案演练活动。

3. 具有较完善的社区减灾公共设施和器材。社区利用公园、绿地、广场、体育场、停车场、学校草场或其他空地,划定了社区避难场所;在社区设置明显的安全应急标识或指示牌;社区内设有减灾宣传教育场所(社区减灾教室、社区图书室、老年人活动室)及设施(宣传栏、宣传橱窗等);配备了必需的消防、安全和应对灾害的器材或救生设施工具等。

4. 积极开展减灾宣传教育活动。定期开展形式多样的社区居民减灾教育活动;在社区宣传教育场所经常张贴减灾宣传材料;制订结合社区实际情况的减灾教育计划等。

5. 居民减灾意识普遍提高。社区居民对社区的各类灾害风险清楚;社区居民普遍掌握必要的紧急疏散、自救互救等基本技能;社区居民知晓本社区的避难场所及行走路线;部分居民家庭自觉配备了灭火器、安全绳、应急灯、急救包等自救设备。

6. 减灾活动特色鲜明。社区结合人文、地域等特点,开展了具有特色的减灾活动,具有较大的影响力,对周围社区具有示范指导作用。

三、评估标准分解表

考评项目	总分	考评内容	分项分值
基本条件	10	居民对社区减灾状况满意率大于 70%	3
		小区居民户数应具有一定规模(小区居民一般应达 2 000 户,新建小区入住率达 80%)	2
		社区近年内没有发生因灾造成的较大事故	5
健全减灾管理和组织领导机制	20	成立社区减灾组织机构	5
		有规范的减灾工作制度	5
		建立减灾工作档案	2
		组织"减灾志愿者"队伍	5
		有保护弱势群体的对策	3

（续表）

考评项目	总分	考评内容	分项分值
制定社区灾害应急救助预案并定期演练	15	制定社区灾害应急救助预案	9
		组织社区减灾演练活动	6
具有较完善的社区减灾公共设施和器材	20	设立避难场所	6
		设置明显的安全应急标识或指示牌	4
		设有减灾宣传教育场所及设施	5
		配备必需的减灾器材和救生工具	5
开展减灾宣传教育活动	15	定期开展减灾教育活动	5
		宣传张贴减灾宣传资料	5
		制订减灾教育计划	5
居民减灾意识普遍提高	15	居民对社区的各类灾害风险清楚	2
		普遍掌握必要的减灾自救基本技能	5
		知晓本社区的避难场所及行走路线	3
		居民家庭配备灭火器等自救设备的情况	5
减灾活动的地方特色	5	减灾活动具有本地特色	5

附录1.2　全国"综合减灾示范社区"标准（2010年版）

一、基本条件

1. 社区居民对社区综合减灾状况满意率大于70％。

2. 社区近三年内没有发生因灾造成的较大事故。

3. 具有符合社区特点的综合灾害应急救助预案并经常开展演练活动。

二、基本要素

（一）综合减灾工作组织与管理机制完善。成立了社区综合减灾工作领导小组，建立了综合减灾示范社区工作机制。负责开展以下工作：

1. 全面组织开展综合减灾示范社区的创建、运行、评估与改进工作。

2. 组织开展社区灾害风险隐患排查、编制社区灾害风险地图。

3. 组织编制社区综合灾害应急救助预案，开展防灾减灾演练。

4. 组织制定符合社区条件、体现社区特色、切实可行的综合减灾目标和计划。

5. 调动社区内各种资源,确保必要的人力、物力、财力和技术等资源的投入,共同参与社区综合减灾教育宣传活动,提升居民防灾减灾意识。

6. 组织社区开展综合减灾绩效评审。

(二)开展灾害风险评估

1. 采用居民参与的方式,开展社区内各种灾害风险排查工作。

2. 明确社区老年人、小孩、孕妇、病患者、伤残人员等弱势群体的分布,针对风险落实了对口帮扶救助人员和措施。

3. 积极鼓励居民参与编制并知晓社区灾害风险地图。

(三)制定综合灾害应急救助预案

1. 预案明确在社区设灾害信息员,开展社区灾害风险隐患日常监测工作,建立健全了监测制度,灾害风险早发现、早预防、早治理的措施落实。

2. 预案明确了特定手段和方法,能及时准确地向社区居民发布灾害预警信息。

3. 预案明确了领导小组和应急队伍责任人的联系方式,有针对社区弱势群体的对应救助措施。

4. 预案中有社区综合避难图,明确了灾害风险隐患点(带)、应急避难所分布、安全疏散路径、脆弱人群临时安置避险位置、消防和医疗设施及指挥中心位置等信息。

5. 定期开展应急演练。演练包括组织指挥、灾害隐患排查、灾害预警及信息传递、灾害自救和互救逃生、转移安置、灾情上报等内容。能及时分析总结演练经验和问题,不断完善社区综合灾害应急救助预案。

(四)经常开展减灾宣传教育与培训活动

1. 以国家防灾减灾日、国际减灾日为契机,开展经常性的防灾减灾宣传活动。

2. 利用现有公共活动场所或设施(图书馆、学校、宣传栏、橱窗、安全提示牌等),设置防灾减灾专栏、张贴有关宣传材料、设置安全提示牌等,开展日常性的居民防灾减灾宣传教育。

3. 利用广播、电视、电影、网络、手机短信等媒体,经常普及防灾减灾知识和避灾自救技能。

4. 定期邀请有关专家、专业人员或志愿者,对社区管理人员和居民进行防灾减灾培训,适时开展社区间减灾工作经验交流。

5. 每年印制分发社区各类防灾减灾宣传材料。

（五）社区防灾减灾基础设施较为齐全

1. 通过新建、加固或确认等方式,建立社区灾害应急避难场所,明确避难场所位置、可安置人数、管理人员等信息。

2. 在避难场所、关键路口等,设置醒目的安全应急标志或指示牌,引导居民快速找到避难所。

3. 避难场所标有明确的救助、安置、医疗等功能分区。

4. 社区备有必要的应急物资,包括救援工具（如铁锹、担架、灭火器等）、通信设备（如喇叭、对讲机等）、照明工具（如手电筒、应急灯等）,应急药品和生活类物资（如棉衣被、食品、饮用水等）。

5. 居民家庭配有针对社区特点的减灾器材和救生工具,如逃生绳、收音机、手电筒、哨子、灭火器、常用药品等。

（六）居民减灾意识与避灾自救技能提升

1. 居民清楚社区内各类灾害风险及其分布,知晓本社区的避难场所及行走路线。

2. 居民掌握防灾减灾自救互救基本方法与技能,包括在不同场合（家里、室外、学校等）、不同灾害（地震、洪水、台风、地质灾害、火灾等）发生后,懂得如何逃生自救、互帮互救等基本技能。

3. 居民积极主动参与社区组织的各类防灾减灾活动。

（七）广泛开展社区减灾动员与减灾参与活动

1. 社区建立了防灾减灾志愿者队伍,承担社区综合减灾建设的有关工作,如宣传、教育、义务培训等,配备了必要的装备,并定期开展训练。

2. 社区内相关企事业单位积极组织开展防灾减灾活动,主动参与风险评估、隐患排查、宣传教育与演练等社区减灾活动,在做好安全生产的同时,经常对企业员工特别是外来员工进行防灾减灾教育等。

3. 社区内学校在日常教育中注重提高学生的防灾减灾意识和应急能力,能利用学校教育资源,为居民开展各类防灾减灾教育。

4. 社区内的医院能积极承担有关医护工作,关注社区脆弱人群,提高社区救护能力。

5. 社区内社会组织发挥自身优势,吸收各方资源,积极参与社区综合减灾工作。

(八)管理考核制度健全

1. 社区建立了综合减灾绩效考核工作制度,有相关人员日常管理、防灾减灾设施维护管理等制度措施。

2. 社区定期对隐患监测、应急救助预案、脆弱人群应急应对等各项工作进行检查。

3. 社区定期对综合减灾工作开展考核,对不足之处有具体改进措施。

(九)档案管理规范

社区建立了包括文字、照片等档案信息在内的规范齐全、方便查阅的综合减灾档案。

(十)社区综合减灾特色鲜明

1. 在社区减灾工作部署、动员过程中,具有有效调动居民和单位参与的方式方法。

2. 在社区综合减灾工作中,有独到的做法或经验,如利用本土知识和工具,进行灾害监测、预报和预警,有行之有效的做好外来人口减灾教育的方式方法等。

3. 利用现代技术手段,开展日常综合减灾工作,如建立社区网站、社区网络等。

4. 社区引入了风险分担机制,倡导居民开展社区各类灾害保险工作等。

5. 在防灾减灾宣传教育活动中具有地方特色。

附表:《全国综合减灾示范社区标准》评分表(2010 年版)

附表 《全国综合减灾示范社区标准》评分表（2010 年版）

一级指标	二级指标	评定标准	满分分值	考核分数
1. 组织管理机制（10分）	1.1 社区减灾领导机构（2分）	社区综合减灾运行、评估与改进领导机构健全	2	
	1.2 社区减灾执行机构（3分）	社区有专门的风险评估、宣传教育、灾害预警、灾害巡查、转移安置、物资保障、医疗救护、灾情数据上报等工作小组	3	
	1.3 社区减灾工作制度（3分）	（1）领导工作制度	1	
		（2）执行工作制度	2	
	1.4 减灾资金投入（2分）	（1）有较为固定的综合减灾社区资金来源、有筹措、使用、监督等管理措施	1	
		（2）有已经获取的综合减灾资金支持的社区减灾项目	1	
2. 灾害风险评估（15分）	2.1 灾害危险隐患清单（4分）	（1）有针对地质地震、气象水灾害、海洋灾害、生物灾害等各种自然灾害隐患的清单	1	
		（2）有针对公共卫生隐患的清单	1	
		（3）有社区内各种交通、治安、社会安全隐患的清单	1	
		（4）有社区内潜在的供电、供水、供气、通信或农业生产等各类生产事故隐患的清单	1	
	2.2 社区灾害脆弱人群清单（3分）	（1）有社区老年人、小孩、孕妇、病患者、伤残人员等脆弱人群清单	1.5	
		（2）有外来人口和外出务工人员清单等	1.5	
	2.3 社区灾害脆弱住房清单（4分）	（1）有社区针对各类灾害的居民危险房屋清单	2	
		（2）有社区内道路、广场、医院、学校等各种公共设施隐和公共建筑隐患清单	2	
	2.4 社区灾害风险地图（4分）	（1）用各种符号标示出了灾害危险类型、灾害危险点或危险区的空间分布及名称等	2	
		（2）标示出了灾害危险度或等级、灾害易发时间、范围等	2	

（续表）

一级指标	二级指标	评定标准	满分值	考核分数
3. 灾害应急救助预案（15分）	3.1 社区综合避难图（3分）	（1）有避难场所名称、地点，可容纳避灾人数等避灾能力信息等，有合理明晰的避难路线	2	
		（2）避难场明确标注了紧急救助、安置、医疗等功能分区	1	
	3.2 社区灾害应急救助预案（4分）	（1）预案结合了社区灾害隐患、社区脆弱人群、社区救灾队伍能力、社区救灾资源等多方实际情况及特点	1	
		（2）明确了协调指挥、预报预警、灾害巡查、转移安置、物资保障、医疗救护等小组分工	1	
		（3）有符合社区自身灾害隐患特点的应急救助启动标准、标准简单明了，便于社区居民理解	1	
		（4）应急预案有所有工作人员的联系信息，所有脆弱人员的信息，以及对口帮扶救助责任分工	1	
	3.3 社区应急救助演练活动（5分）	（1）演练活动密切联系预案、目标明确、指挥有序	1	
		（2）开展了针对各类脆弱人群或外来人员的演练	2	
		（3）社区居民参与度高，社区内单位、社会组织或志愿者等多方广泛参与	2	
	3.4 演练效果评估（3分）	（1）演练活动过程有文字、照片、录音或者录像记录	1	
		（2）演练活动效果有社区居民满意度调查	1	
		（3）针对演练发现的问题、有改进方案等	1	
4. 减灾宣传教育与培训活动（10分）	4.1 组织减灾宣传教育（2分）	（1）利用防灾减灾宣传栏、橱窗等组织了防灾减灾宣传教育	1	
		（2）利用喇叭、广播、电视、电影、网络、知识竞赛等多种途径组织了宣传教育（每季度不少于1次）	1	

（续表）

一级指标	二级指标	评定标准	满分值	考核分数
4. 减灾宣传教育与培训活动（10分）	4.2 开展防灾减灾活动（2分）	(1) 在国家减灾日等期间开展防灾减灾活动	1	
		(2) 利用公共场所或设施开展经常性的防灾减灾活动（每季度不少于1次）	1	
	4.3 印发防灾减灾材料（2分）	(1) 印发国家和地方相关的防灾减灾资料	1	
		(2) 印发符合社区特点的、切实可行的防灾减灾材料	1	
	4.4 参加防灾减灾培训（3分）	(1) 组织社区管理人员参加了防灾减灾培训	1	
		(2) 组织社区相关单位人员参加了防灾减灾培训	1	
		(3) 组织社区居民参加了防灾减灾培训	1	
	4.5 与其他社区进行减灾交流（1分）	(1) 组织管理人员、社区居民等经常与其他社区进行减灾减灾经验的交流	1	
5. 防灾减灾基础设施（15分）	5.1 建立灾害避难场所（6分）	(1) 建立了社区灾害应急避难所，明确了避难场所位置，可安置人数、管理人员等信息	3	
		(2) 避难场所功能分区清晰，配备了应急食品、水、电、通信、卫生间等生活基本设施	3	
	5.2 明确应急疏散路径（3分）	(1) 明确了应急疏散路径，指示标牌明确	1	
		(2) 在避难场所、关键路口配备了安全应急标志或指示牌	2	
	5.3 设置防灾减灾宣传教育场地和设施（3分）	(1) 建立了专门的防灾减灾宣传、教育和培训等活动的空间	1	
		(2) 设置了专门的防灾减灾宣传教育设施（安全宣传栏、橱窗等）	2	
	5.4 配备应急救助物资（3分）	(1) 社区配备了必要的应急物资，包括救援工具、通信设备、照明工具，应急药品和生活类物资等	2	
		(2) 居民配备了减灾救灾器材和救生工具，如收音机、手电、哨子、常用药品等	1	

（续表）

一级指标	二级指标	评定标准	满分分值	考核分数
6. 居民减灾意识与技能（10分）	6.1 清楚社区内各类灾害风险（2分）	（1）居民清楚社区内安全隐患	1	
		（2）居民清楚社区内的高危险区和安全区	1	
	6.2 知晓本社区的避难场所和行走路径（2分）	（1）居民知晓本社区的避难场所	1	
		（2）居民知晓灾害应急疏散的行走路线	1	
	6.3 掌握减灾自救互救基本方法（3分）	（1）居民掌握不同场合（家里、室外、学校等）地震、洪水、台风、火灾等灾害来时的逃生方法	1	
		（2）居民掌握基本的互救方法（帮助脆弱人群、灾时受伤、被埋压、溺水等互救的方法）	1	
		（3）居民掌握基本的包扎方法	1	
	6.4 参与社区防灾减灾活动（3分）	（1）居民积极参与社区宣传、培训、防灾演练活动	1	
		（2）居民参加社区安全隐患点的排查活动	1	
		（3）居民参加社区风险图的编制活动	1	
7. 社区动员与减灾参与（10分）	7.1 社区主要机构参与防灾减灾活动（6分）	（1）相关事业单位能积极参与综合减灾社区建设的各种工作，组织展开本社区防灾减灾活动	2	
		（2）学校能积极开展各类防灾减灾宣传、教育、培训和演练活动	2	
		（3）医院能积极承担有关医疗护理工作	2	
	7.2 志愿者参与防灾减灾活动（2分）	（1）志愿者承担社区综合减灾社区建设的有关工作，如宣传、教育和培训等	1	
		（2）志愿者承担社区灾害应急时的有关工作，如帮助脆弱人群等	1	
	7.3 社会组织参与防灾减灾活动（2分）	（1）非政府组织和其他社会团体参与社区综合防灾减灾活动	2	

（续表）

一级指标	二级指标	评定标准	满分分值	考核分数
8. 管理考核（5分）	8.1 有相对完善的管理制度（2分）	社区减灾日常管理,防灾减灾设施维护管理制度健全	2	
	8.2 进行经常性的检查（2分）	(1) 定期对社区的隐患监测工作,防灾减灾设施等进行检查（每季度1次）	1	
		(2) 定期对社区应急救助预案、脆弱人群应急救助等工作进行检查	1	
	8.3 具体改进措施（1分）	依据评审有具体改进的措施	1	
9. 档案（5分）	9.1 减灾工作档案（4分）	建立了规范、齐全的社区综合减灾档案	4	
	9.2 综合减灾示范社区创建过程档案（1分）	综合减灾社区申报、审核、评估、颁发等过程档案	1	
10. 特色（5分）	10.1 明显的地方特色（3分）	(1) 在创建过程中有独特有效的调动居民、社区单位参与的方式、方法	1	
		(2) 有明显的针对各类脆弱人群的救助特色,有针对社区外来人口减灾特色等	1	
		(3) 有明显的民族地区特色、文化特色	1	
	10.2 可供借鉴的独到做法或经验（2分）	(1) 有明显的减灾工作创新,如利用本土知识或工具进行监测、预报和预警等	1	
		(2) 有可供推广的做法或经验,如建立了社区综合减灾网站、购买了社区保险等	1	

附录 1.3　全国"综合减灾示范社区"标准(2013 年版)

一、基本条件

1. 社区近三年内没有发生因灾造成的较大事故。

2. 具有符合社区特点的应急预案并经常开展演练活动。

3. 社区居民对社区综合减灾状况满意率高于 70%。

二、基本要素

（一）组织管理

1. 应成立社区综合减灾工作领导小组,负责综合减灾示范社区的创建、运行、评估和改进等工作。

2. 应制定社区综合减灾规章制度,建立社区综合减灾工作机制,规范开展风险评估、隐患排查、灾害预警、预案编制、应急演练、灾情报送、宣传教育、人员培训、档案管理、绩效评估等工作。

3. 对各渠道筹集的社区防灾减灾建设资金严格管理,规范使用。

（二）灾害风险评估

1. 定期开展社区灾害风险排查,列出社区内潜在的自然灾害、安全生产、公共卫生、社会治安等方面的隐患,及时制定防范措施并开展治理。

2. 具有社区脆弱人群清单,包括老年人、儿童、孕妇、病患者和残障人员等脆弱人群清单,明确脆弱人群结对帮扶救助措施。城市社区应具有空巢老人等脆弱人群清单,农村社区应具有空巢老人、留守儿童等脆弱人群清单。

3. 具有社区居民住房和社区内道路、广场、医院、学校等公共设施安全隐患清单,制定治理方案和时间表。

4. 具有社区灾害风险地图,标示灾害风险类型、强度或等级,风险点或风险区的时间、空间分布及名称。

（三）应急预案

1. 应制定社区综合应急预案，预案应结合社区灾害隐患、脆弱人群、救援队伍、志愿者队伍、救灾资源等实际情况，明确启动标准，明确协调指挥、预警预报、隐患排查、转移安置、物资保障、信息报告、医疗救护等小组分工，明确预警信息发布方式和渠道，明确应急避难场所分布、安全疏散路径、医疗设施及指挥中心位置，明确社区所有工作人员和脆弱人群的联系方式以及结对帮扶责任分工等，具有较强的针对性和可操作性，并根据灾害形势变化、社区实际及时修订。

2. 定期开展社区应急演练，演练内容包括组织指挥、隐患排查、灾害预警、灾情上报、人员疏散、转移安置、自救互救、善后处理等环节。演练应吸纳社区居民、社区内企事业单位、社会组织和志愿者等广泛参与。演练过程有照片或视频记录。演练结束后应及时开展演练效果评估，进行社区居民满意度调查，针对演练发现的问题，不断完善预案。城市社区演练每年不少于两次，农村社区演练每年不少于一次。

（四）宣传教育培训

1. 利用现有公共活动场所或设施（图书馆、学校、宣传栏、橱窗、安全提示牌等），设置防灾减灾专栏、张贴有关宣传材料、设置安全提示牌等，充分发挥广播、电视、互联网、手机等载体的作用。

2. 结合防灾减灾日、全国科普日、全国消防日、国际减灾日、世界气象日等，采取防灾减灾知识技能培训、知识竞赛、专题讲座、座谈讨论、参观体验等形式，集中开展防灾减灾宣传教育活动。

3. 组织社区居民及社区内学校、医院、企事业单位、社会组织参加防灾减灾培训。城市社区居民参训率不低于 85%，农村社区居民参训率不低于 75%。

（五）减灾设施和装备

1. 通过新建、加固或确认等方式，建立社区灾害应急避难场所，明确避难场所位置、可安置人数、管理人员、各功能区分布等信息，通过多种形式，储备一定的应急食品、饮用水、棉衣被、照明和厕所等基本生活用品和设施，配备一定的消防救生器材。农村社区可因地制宜设置避难场所。在避难场所、关键路口等,设置醒目的安全应急标志或指示牌,方便居民快速找到应急避难场所。

2. 设置固定的防灾减灾宣传栏或橱窗。

3. 设置灾害预警广播系统,定期对系统进行维护和调试,确保系统应急状态下的可靠性。

4. 储备必要的应急物资,包括救援工具(如铁锹、担架、灭火器等)、广播和应急通信设备(如喇叭、对讲机、警报器等)、照明工具(如手电筒、应急灯等),应急药品和生活类物资(如棉衣被、食品、饮用水等)。鼓励和引导居民家庭配备防灾减灾用品,如逃生绳、收音机、手电筒、口哨、灭火器、常用药品等。

(六)居民减灾意识与技能

1. 社区居民应主动参与社区组织的风险隐患排查、灾害风险地图编制、宣传教育、专题培训和应急演练等各类防灾减灾活动,注重发挥妇女、儿童、残疾人等脆弱群体的重要角色和作用。

2. 社区居民应知晓社区灾害风险隐患及分布、预警信号含义、应急避难场所和疏散途径等。

3. 社区居民应掌握在不同场合(家里、室外、学校等)应对各种灾害(地震、洪涝、台风、地质灾害、火灾等)的逃生避险和自救互救基本方法与技能。

(七)社会多元主体参与

1. 社区应建立防灾减灾志愿者或社会工作者队伍,承担社区综合减灾的有关工作,如宣传教育和义务培训等,配备必要的装备,并定期开展训练。

2. 社区内相关企事业单位应积极组织开展防灾减灾活动,主动参与风险评估、隐患排查、宣传教育与应急演练等社区防灾减灾活动,定期对单位员工进行防灾减灾教育等。

3. 社区内学校在日常教育中应注重提高学生的防灾减灾意识和应急能力,利用学校教育资源,为居民开展各类防灾减灾知识普及教育。

4. 社区内医院应积极承担有关医护工作,关注社区脆弱人群,提高社区救护能力。

5. 社区内各类社会组织应发挥自身优势，吸收各方资源，积极参与社区综合减灾工作。

（八）日常管理与考核

1. 社区应建立综合减灾绩效考核工作制度，有相关人员日常管理等制度措施。

2. 社区应定期对隐患监测、应急预案、脆弱人群应急救助等各项工作进行检查。

3. 社区应定期对综合减灾工作开展评估，针对存在问题和不足，落实改进措施。

（九）档案管理

社区应建立规范、齐全的社区综合减灾档案，有文字、照片、音频、视频等档案信息。

（十）创建特色

1. 在社区减灾工作部署、动员过程中，具有有效调动社区居民、企事业单位、社会组织和志愿者参与的方式方法。

2. 在社区减灾实践中，有独到的做法或经验（如利用本土知识和工具进行灾害监测预警预报、有行之有效的做好外来人口防灾减灾教育的方式方法等）。

3. 利用现代技术手段，开展日常综合减灾工作，如建立社区网站、开设微博、搭建社区应急广播等。

4. 社区引入风险分担机制，鼓励居民参与各类灾害保险等。

5. 在防灾减灾宣传教育活动中具有地方特色。

附表：《全国综合减灾示范社区标准》评分表（2013 年版）

附表 《全国综合减灾示范社区标准》评分表（2013年版）

一级指标	二级指标	评定标准	满分值	考核分数
1. 组织管理（10分）	1.1 社区减灾组织管理机构（4分）	成立了社区综合减灾组织管理机构，负责综合减灾示范社区的创建、运行，评估与改进等工作	4	
	1.2 社区减灾工作制度（4分）	制定了社区综合减灾规章制度，规范开展风险评估、隐患排查、灾害预警、预案编制、应急演练、灾情报送、宣传教育、人员培训、档案管理、绩效评估等工作	4	
	1.3 社区防灾减灾建设资金管理（2分）	社区防灾减灾建设资金严格管理、规范使用	2	
2. 灾害风险评估（15分）	2.1 灾害风险隐患清单（4分）	(1) 定期开展社区灾害风险排查。有社区内自然灾害、安全生产、公共卫生、社会治安等隐患清单	2	
		(2) 针对各类隐患及时制定防范措施并开展治理	2	
	2.2 社区灾害脆弱人群清单（3分）	(1) 有社区老年人、儿童、孕妇、病患者和残障人员等脆弱人群清单	1.5	
		(2) 有脆弱人群结对帮扶措施	1.5	
	2.3 社区灾害脆弱住房清单（4分）	(1) 有社区居民住房和公共设施安全隐患清单	2	
		(2) 有针对上述安全隐患清单的治理方案和时间表	2	
	2.4 社区灾害风险地图（4分）	有社区灾害风险地图，标示灾害危险类型、强度（等级）、风险点或风险区的时间、空间分布及名称等	4	
3. 应急预案（15分）	3.1 综合应急预案（7分）	(1) 预案结合了社区灾害风险隐患、脆弱人群、救援队伍、志愿者队伍、救灾资源等实际情况	2	
		(2) 明确了预警手段信息、预警手段信息启动标准便于居民理解接收	1	
		(3) 明确了预案启动标准	1	
		(4) 明确了协调指挥、隐患排查、转移安置、物资保障、信息报告、医疗救护等小组分工	1	

（续表）

一级指标	二级指标	评定标准	满分分值	考核分数
3. 应急预案（15分）	3.1 综合应急预案（7分）	（5）明确了应急避难场所分布、安全疏散路径、医疗设施及指挥中心	1	
		（6）明确了所有工作人员的联系信息，所有联系人员的信息，以及结对帮扶责任分工	1	
	3.2 预案演练（8分）	（1）定期开展应急预案演练，城市社区每年不少于2次，农村社区每年不少于1次	2	
		（2）演练了组织指挥、隐患排查、灾害预警、灾害自救和互救逃生、脆弱人群疏散、转移和安置等环节	2	
		（3）社区居民参与程度高，社区内单位、社会组织或志愿者等广泛参与	1	
		（4）预案演练过程有照片或视频记录	1	
		（5）有演练效果评估，开展了社区居民满意度访谈或调查	1	
		（6）针对演练发现的问题和不足，不断完善预案	1	
4. 宣传教育培训（11分）	4.1 组织减灾宣传教育（3分）	（1）充分利用现有公共活动场所或设施（图书馆、学校）设置防灾减灾专栏，张贴有关宣传材料，设置安全提示牌	2	
		（2）充分发挥了广播、电视、互联网、手机等载体的作用	1	
	4.2 开展防灾减灾活动（3分）	（1）结合防灾减灾日、全国科普日等，集中开展了防灾减灾宣传教育活动	2	
		（2）集中宣传教育活动形式多样、方法灵活	1	
	4.3 防灾减灾培训（5分）	（1）组织社区居民参加了防灾减灾培训，城市社区居民参训率不低于85%，农村社区居民参训率不低于75%	3	
		（2）组织社区内学校、医院、企事业单位及社会组织参加了防灾减灾培训	2	

（续表）

一级指标	二级指标	评定标准	满分分值	考核分数
5. 减灾设施和装备（15分）	5.1 建立应急避难所（6分）	（1）建立了社区灾害应急避难场所，明确了避难场所位置，可安置人数、管理人员等信息。	3	
		（2）避难场所通过多种形式储备了一定的应急食品、饮用水、棉衣被，通信、卫生间等生活基本设施，配备了一定的消防救生器材	3	
	5.2 明确应急疏散路径（3分）	（1）设有应急疏散路径示意图，标示明确	1	
		（2）在避难场所、关键路口设置了安全应急标志或指示牌	2	
	5.3 设置防灾减灾宣传栏或橱窗（3分）	设置了固定的防灾减灾宣传栏或橱窗	3	
	5.4 配备应急物资（3分）	（1）社区配备了必要的应急物资，包括应急通信设备、照明工具、应急救援工具、广播和应急通信设备等	2	
		（2）社区配备了防灾减灾用品，如生命绳、收音机、手电、哨子、常用药品等	1	
6. 居民减灾意识与技能（11分）	6.1 居民防灾减灾意识（4分）	居民积极参与社区组织的风险隐患排查、风险图编制、防灾减灾宣传教育培训和演练等活动，发挥了妇女、儿童、残疾人等脆弱群体的作用	4	
	6.2 知晓本社区的风险隐患及应急避难（4分）	（1）居民知晓本社区的灾害风险分布	1	
		（2）居民知晓本社区的预警信号含义	1	
		（3）居民知晓本社区的应急避难场所位置	1	
		（4）居民知晓灾害应急疏散的路径	1	
	6.3 掌握减灾自救互救基本方法（3分）	（1）居民掌握不同场合（家里、室外、学校等）地震、洪水、台风、火灾等灾害来临时的逃生方法	1	
		（2）居民掌握基本的互救方法（帮助脆弱人群，灾时受伤、被埋压、溺水等互救的方法）	1	
		（3）居民掌握基本的包扎方法	1	

（续表）

一级指标	二级指标	评定标准	满分分值	考核分数
7. 社会多元主体参与（9分）	7.1 志愿者或社工队伍参与防灾减灾活动（2分）	(1) 志愿者或社工队伍承担社区综合减灾建设的有关工作,如宣传、教育和培训等	1	
		(2) 志愿者或社工队伍承担社区灾害应急时的有关工作,如帮助脆弱人群等	1	
	7.2 社会主要机构参与防灾减灾活动（5分）	(1) 相关企事业单位能积极参与社区综合减灾的各种工作,组织开展本单位防灾减灾活动	2	
		(2) 学校能积极开展各类防灾减灾宣传教育、专题培训和应急演练活动	2	
		(3) 医院能积极承担有关医护工作	1	
	7.3 社会组织参与防灾减灾活动（2分）	社会组织参与社区综合减灾活动	2	
8. 日常管理与考核（5分）	8.1 有相对完善的管理制度（2分）	社区综合减灾绩效考核,相关人员日常管理等制度健全	2	
	8.2 进行经常性的检查（2分）	(1) 定期对社区的隐患监测工作、防灾减灾设施等进行检查（每季度1次）	1	
		(2) 定期对社区应急救助预案、脆弱人群应急救助等工作进行检查	1	
	8.3 具体改进措施（1分）	定期对社区综合减灾工作开展考核,针对问题与不足,有具体改进措施	1	
9. 档案管理（4分）	9.1 减灾工作档案（3分）	建立了规范、齐全的社区综合减灾档案,有文字、照片、音频、视频等信息	3	
	9.2 综合减灾示范社区创建过程档案（1分）	建立了综合减灾社区申报、审核、评估、颁发等过程档案	1	

（续表）

一级指标	二级指标	评定标准	满分分值	考核分数
10. 创建特色（5分）	10.1 明显的地方特色（3分）	（1）在创建过程中有独特有效的调动居民、社区内各单位参与的方式、方法	1	
		（2）有明显的针对各类脆弱人群的救助特色	1	
		（3）有明显的民族地区特色、文化特色	1	
	10.2 可供借鉴的独到做法或经验（2分）	（1）有明显的减灾工作创新，如利用本土知识或工具进行监测预警预报等	1	
		（2）有可供推广的做法或经验，如建立了社区综合减灾网站，购买了社区保险等	1	

附录 1.4 国家减灾委员会关于加强城乡社区综合减灾工作的指导意见

国减发〔2011〕3 号

各省、自治区、直辖市人民政府，国家减灾委员会各成员单位：

加强城乡社区综合减灾工作是适应全球气候变化、减少灾害风险、减轻灾害损失的迫切需要，是提升政府公共服务水平的重要举措，是强化基层应急管理、建设安全和谐社区的重要内容。经过各方面长期不懈努力，我国城乡社区防灾减灾工作取得较大成效，群众防灾减灾意识不断提高，社区综合减灾能力逐步增强，但在一些地方仍存在对社区综合减灾工作重视不够、指导不力、投入不足等问题。为深入落实党中央、国务院关于加强基层应急管理、强化基层应急队伍建设等决策部署，进一步做好城乡社区综合减灾工作，经国务院同意，现提出以下意见：

一、总体要求和主要目标

（一）总体要求。深入贯彻落实科学发展观，以最大程度保障社区居民生命财产安全为出发点和落脚点，坚持政府领导、部门指导，充分调动和发挥社区居民、单位在减灾工作中的积极性，形成合力；坚持因地制宜、政策引导，重点加大对经济欠发达地区、灾害易发多发地区社区减灾工作支持力度；坚持科学规划、统筹兼顾，全面推进社区综合减灾组织体系、工作机制、队伍建设、预案制度、物资装备、宣传教育等各项能力建设，切实提高城乡社区综合减灾整体水平。

（二）主要目标。经过 5 年左右时间的努力，使我国城乡社区综合减灾能力得到全面提升：

——社区灾害预警预报和信息上报能力大幅提升，每个社区至少有 1 名灾害信息员；

——社区综合减灾预案编制率达 100%，社区居民防灾避灾、自救互救知识普及率达 80% 以上；

——社区综合减灾设施、装备基本具备,社区避难场所布局合理,基本满足应急避险需要;

——社区自治组织、志愿者队伍和其他社区组织共同参与减灾工作的机制比较完善,能够第一时间组织应急避险救援、临时安置等行动;

——全国范围内建成 5 000 个以上的"综合减灾示范社区",其中农村社区不少于 1 500 个。

二、主要任务

(三)开展社区灾害隐患排查和治理。各地区要组织全面排查社区内公共基础设施、公共设备和居民住房等存在的灾害隐患,及时落实相关的预防治理措施。在灾害隐患未消除前,编制社区灾害隐患分布图,并告知社区居民和单位。要掌握社区老年人、儿童、孕妇、病患和伤残人员等群体的情况,为有效保护和转移社区居民打好基础。

(四)加强灾害监测和信息报告。建立健全社区灾害日常监测预警制度,社区工作人员和灾害信息员要及时报告灾害隐患和相关灾害信息。建立完善社区灾害预警信息通报与发布制度,充分利用社区广播、电视、互联网、手机短信等手段,及时准确向社区居民发布灾害预警信息。

(五)编制社区综合减灾预案。要根据当地实际情况制定社区综合减灾预案,整合资源,统筹规划。明确应急指挥机构和人员工作职责,规范预警防范、灾害应急处置、避灾安置、生活救助、信息传递等工作,细化灾害防范措施和程序。

(六)加强社区综合减灾队伍建设。建设以社区工作人员、灾害信息员、安保人员为主体的社区综合减灾工作队伍,建立健全工作机制,明确工作职责。支持和鼓励社区内的公务员、医生、教师、学生、离退休干部、退伍军人、民兵等人员成立形式多样的社区减灾志愿者队伍,开展社区减灾服务工作。

(七)开展防灾减灾培训演练。政府有关部门、红十字会等各类社会组织要定期安排有关专家、专业人员,对社区管理人员和居民进行避灾自救技能培训,传授逃生技巧。经常组织社区居民、志愿者队伍以及社会组织、学校、医院等,开展防灾减灾演练活动。通过演练及时发现问题,不断修订和完善社区综合减灾预案,提高预案的针对性和可操作性。

（八）加强社区灾害应急避难场所建设。各地区要通过确认、新建等方式,将社区内的学校、体育场、公园绿地和广场等场所设定为社区灾害应急避难场所。避难场所应具备供水、供电、公厕等基本生活保障功能。要明确避难场所位置、可安置人数、管理人员等信息,标明救助、安置和医疗等功能分区,在避难场所、关键路口等位置设置醒目的安全应急标志或指示牌,引导社区居民在紧急时能够快速到达社区灾害应急避难场所。

（九）做好社区减灾装备配备和应急救灾物资储备。要支持、鼓励社区采取多种形式,储备、配备必要的应急物资。如:铁锹、担架、灭火器等救援工具;应急广播、喇叭、对讲机等通信设备;手电筒、应急灯等照明工具;应急药品和棉衣被、食品、饮用水等基本生活用品等。倡导社区居民家庭针对社区灾害特点配备逃生绳、收音机、手电筒、哨子、灭火器和常用药品等减灾器材和救生防护用品。

（十）强化防灾减灾知识宣传普及。要充分利用报刊、网络、电视等宣传媒体,开展面向大众的防灾减灾宣传普及活动。社区要开展经常性的防灾减灾宣传教育活动,利用社区现有图书馆、文化站、学校、宣传栏、橱窗、安全提示牌等公共活动场所或设施,设置防灾减灾宣传教育专栏、张贴有关宣传教育材料。在每年"防灾减灾日"和"国际减灾日"期间,社区要开展丰富多彩的防灾减灾宣传教育活动。

三、保障措施

（十一）健全组织体系和工作机制。地方各级人民政府要加强对社区综合减灾工作的组织领导,将其作为履行社会管理和公共服务职能的重要内容,健全工作体系,强化责任落实。要建立健全政府统一领导、民政部门牵头,发展改革、教育、公安、司法行政、财政、人力资源社会保障、国土、环保、住房城乡建设、水利、文化、卫生、安全监管、地震、气象、海洋、消防、民防、红十字会等部门和单位参与的联席会议等协调机制,及时解决社区综合减灾工作面临的困难和问题。

（十二）加大社区综合减灾经费投入。地方各级人民政府要建立健全社区综合减灾投入机制，将社区综合减灾经费纳入本级财政预算，对社区综合减灾基础设施、装备和基层应急救援队伍建设等给予必要的经费支持和政策扶持，重点加大对多灾贫困地区支持力度。

（十三）科学规划社区综合减灾建设。地方各级人民政府要组织编制加强城乡社区综合减灾工作发展规划，将社区综合减灾建设纳入地方经济社会发展"十二五"规划和城乡基本服务体系，纳入城乡社区建设内容。突出抓好社区综合减灾设施的规划建设，按照全面覆盖、安全便捷、整合资源、强化功能的要求，统筹规划社区灾害应急避难场所、社区应急救灾装备停放地、社区救灾物资储备点。新建和改扩建社区，要配套建设社区综合减灾设施。

（十四）加强对社区综合减灾工作的考评。各地区要把社区综合减灾工作作为政府防灾减灾绩效考核的重要内容，建立健全工作评价和考核体系。积极争取把社区综合减灾工作纳入创建文明城市、社会治安综合治理、和谐社区等考评范围，严格考核督查。对社区综合减灾中做出突出贡献的组织和个人给予表彰奖励。

国家减灾委员会

二〇一一年六月十五日

附录 1.5　全国综合减灾示范社区创建管理暂行办法

第一章　总　　则

第一条　为贯彻落实《国务院关于全面加强应急管理工作的意见》（国发〔2006〕24 号）和《国家减灾委员会关于加强城乡社区综合减灾工作的指导意见》（国减发〔2011〕3 号），进一步做好城乡社区综合减灾工作，规范全国综合减灾示范社区创建管理，不断提高社区综合减灾能力，制订本办法。

第二条　全国综合减灾示范社区创建依据民政部颁布的《全国综合减灾示范社区创建规范》（MZ/T 026-2011），并按程序进行评定和管理。

第三条　全国综合减灾示范社区创建工作坚持政府主导，社会参与；因地制宜,统筹兼顾;注重长效,动态管理的原则。

第二章　组织领导

第四条　在国家减灾委员会的领导下,民政部、国家减灾委员会办公室负责指导、组织和协调全国综合减灾示范社区创建管理工作。

第五条　在地方各级人民政府或者人民政府的减灾综合协调机构的组织领导下,地方民政部门负责做好本行政区域全国综合减灾示范社区候选单位的审查、验收和推荐工作。

第六条　地方各级人民政府民政部门应整合各方资源,拟定分年度全国综合减灾示范社区创建工作计划,为创建工作提供必要的人力、资金和物资保障。

第三章　申报条件

第七条　申报全国综合减灾示范社区的社区应具备以下基本条件:

(一)社区近三年内没有发生因灾造成的较大事故。

(二)具有符合社区特点的综合灾害应急救助预案并经常开展演练活动。

(三)社区居民对社区综合减灾状况满意率高于70%。

第八条　申报全国综合减灾示范社区的社区应满足《全国综合减灾示范社区标准》(国减办发〔2010〕6号)提出的有关基本要素。

第四章　申报和命名程序

第九条　全国综合减灾示范社区申报程序包括社区申请、材料初审、现场核查和推荐上报。

第十条　全国综合减灾示范社区的命名工作按年度进行,原则上每年一次。

第十一条　符合条件的社区应开展自评自查,填写全国综合减灾示范社区申报表,并将申报表和相关材料提交所在行政区域的县级人民政府民政部门。

第十二条　县级人民政府民政部门通过初步审查、现场核查,将符合条件候选社区的材料报送所在行政区域的地(市)级人民政府民政部门。

第十三条　地(市)级人民政府民政部门审查验收并现场抽查后,将符合条件的候选社区材料报送所在行政区域的省级人民政府民政部门。

第十四条　省级人民政府民政部门在审核社区申报材料、组织考核、实地抽查的基础上,每年 9 月 30 日前将本年度全国综合减灾示范社区创建工作报告、候选社区推荐名单上报民政部、国家减灾委员会办公室,10 月 15 日前上报社区申报材料。

第十五条　省级人民政府民政部门推荐上报的年度全国综合减灾示范社区候选单位中,农村(含牧区)社区比例应不低于 20％(直辖市和计划单列市除外)。

第十六条　民政部、国家减灾委员会办公室对各地上报的全国综合减灾示范社区候选单位申报材料进行复核,对各地创建情况进行抽查,提出拟命名的全国综合减灾示范社区名单并予公示。

第十七条　公示期满,报请国家减灾委员会审定后,以国家减灾委员会和民政部名义进行命名并授予牌匾。

第十八条　全国综合减灾示范社区在同一乡镇或街道的命名比例原则上不超过 20％。

第五章　示范社区的管理

第十九条　全国综合减灾示范社区实行动态管理。省、地、县三级人民政府民政部门应加强对已命名社区的日常管理,每年开展抽查评估。已命名社区的定期复核评估每满三年进行一次,抽查比例由省、地、县视实际情况而定。对抽查不合格的,由省级人民政府民政部门下发限期整改通知。省级人民政府民政部门每年应将抽查情况报民政部、国家减灾委员会办公室备案。

第二十条　民政部、国家减灾委员会办公室每年对全国综合减灾示范社区进行抽查,及时总结推广经验,纠正存在问题,视情通报抽查情况。

第二十一条　由省级人民政府民政部门下发整改通知或者民政部、国家减灾委员会办公室抽查认定不符合标准的全国综合减灾示范社区,经整改后,在三个月内仍未达到《全国综合减灾示范社区标准》的,应撤销其全国综合减灾示范社区称号。

被撤销全国综合减灾示范社区称号的社区,自撤销称号之日起,三年内不得申报全国综合减灾示范社区。

第二十二条 经民政部、国家减灾委员会办公室认定不符合标准的全国综合减灾示范社区,由国家减灾委员会、民政部向省级人民政府民政部门通报撤销称号的决定,省级人民政府民政部门通报社区所在市、县级人民政府民政部门,并责成县级人民政府民政部门收回牌匾。

经省级人民政府民政部门认定不符合标准的全国综合减灾示范社区,由省级人民政府民政部门向民政部提出撤销称号的建议,经国家减灾委员会、民政部批准后,省级人民政府民政部门通报社区所在市、县级人民政府民政部门,并责成县级人民政府民政部门收回牌匾。

第二十三条 各级人民政府民政部门要把全国综合减灾示范社区创建工作作为防灾减灾绩效考核的重要内容,建立健全工作评价和考核体系。对全国综合减灾示范社区创建工作中做出突出贡献的组织和个人给予表彰奖励。

第六章 附 则

第二十四条 本办法由民政部、国家减灾委员会办公室负责解释。

第二十五条 本办法自颁布之日起施行。

附录 2
地方层面相关典型政策

附录 2.1　北京市人民政府关于加强本市城乡社区综合防灾减灾工作的指导意见

京政发〔2012〕24 号

各区、县人民政府,市政府各委、办、局,各市属机构:

加强城乡社区综合防灾减灾工作,是针对近年国际、国内地质和气象等大灾、巨灾事件频发,适应全球气候变化、减少灾害风险、减轻灾害损失的迫切需要;是积极应对北京位于地震带及地下水位下降造成灾害发生系数增加等实际问题的必要措施;是强化基层应急管理、建设安全和谐社区,提升政府公共服务水平、创新社会管理的重要举措。各级政府、各部门及相关单位要进一步提高认识,加强领导,积极采取有效措施,努力提高社会各界和人民群众的防灾减灾意识,切实解决社区综合防灾减灾工作中的实际问题,不断增强社区综合防灾减灾能力。

本市城乡社区综合防灾减灾工作要在市委、市政府和市应急委的统一领导下,从本市实际情况出发,立足当前,着眼中国特色世界城市建设,构建处置有力、反应灵敏、运转高效的综合防灾减灾工作体系,创建与首都国际化大都市相适应的、高标准的综合防灾减灾社区,以满足本市及时应对自然灾害和突发事件的实际需要,促进应急管理体系的不断完善与发展。

一、总体要求

以邓小平理论和"三个代表"重要思想为指导,深入贯彻落实科学发展观,以最大程度减少国家和个人财产损失,保障人民群众生命安全为出发点和落脚点,切实加强本市综合防灾减灾体系建设,提高城乡社区综合防灾减灾的整体水平,促进城市有序运行和首都安全稳定。

(一)坚持政府领导、部门指导,充分调动和发挥社区居民、企事业单位在防灾减灾工作中的积极性,整合资源,形成合力。

(二)坚持科学规划、统筹兼顾,全面推进社区综合防灾减灾组织体系、工作机制、队伍建设、预案制度、物资装备、宣传教育等各项能力建设,推进城乡社区综合防灾减灾工作的不断发展。

(三)坚持因地制宜、政策引导、分类管理,重点加大对经济欠发达、灾害易发及多发地区社区综合防灾减灾工作的支持力度。

二、主要目标

经过努力,确保"十二五"及其后一段时期内本市城乡社区综合防灾减灾能力得到全面提升:

(一)全市各社区综合防灾减灾预案编制率达到100%。

(二)统筹现有信息资源,充分利用广播电视、互联网、防空警报、手机短信等信息平台,实现社区预警信息系统与本市突发事件预警信息发布系统的有效对接。在各区县试点安装社区综合防灾减灾预警及通讯传播系统,并逐步推广应用;50%以上的社区达到气象灾害防御应急准备认证标准,社区在自然灾害和突发事件发生时预警预报及时。

(三)每个社区配备1名以上从事防灾减灾及救灾工作的专职或兼职信息报告员,明确其在防灾减灾、救灾工作中的信息报告任务,同时鼓励群众及时报告信息,使灾害及突发事件的信息上报能力大幅度提高。

(四)每个社区每年至少开展4次以上的社区居民综合防灾减灾宣传教

育培训,社区居民防灾避灾、自救互救知识普及率达 80％以上；辖区内学校定期开展相关工作。

（五）每个社区每年要组织开展突发事件应急演练,使辖区居民在突发事件发生时能够应对自如；辖区内学校每年要组织开展 2 次以上的突发事件应急演练。

（六）社区综合防灾减灾设施、装备基本具备,每个社区设置 2—3 处防灾减灾电子地图公示栏,因地制宜,合理设置、布局应急避难场所,基本满足应急避险需要。

（七）社区自治组织、志愿者队伍和其他社区组织共同参与综合防灾减灾工作的制度和机制完善,保证在第一时间组织应急避险救援、临时安置等行动。

（八）结合"综合减灾示范社区""平安社区""安全社区""城市气象安全社区""地震安全示范社区"等社区建设工作,在全市建成 1 000 个以上的"全国综合减灾示范社区"和"北京市综合减灾示范社区",其中农村社区不少于300 个；在此基础上,实现 50 个以上的街道（乡镇）创建"北京市综合减灾示范街乡"、2—3 个以上区县创建"北京市综合减灾示范区县"。

三、主要任务

本市城乡社区综合防灾减灾工作实行区县政府领导、民政主管、部门配合的工作负责制。各区县政府要切实加强领导,充分发挥民政及各相关部门职责,指导辖区各街道办事处、乡镇政府加强社区综合防灾减灾工作,认真组织落实完成以下任务：

（一）建立社区综合防灾减灾工作领导协调机制。本市各社区要尽快建立健全综合防灾减灾工作领导协调小组,明确领导协调小组召集人和成员职责,并根据工作分工扎实开展日常综合防灾减灾相关工作,在灾害及突发事件发生时及时到位,真正发挥作用。

（二）编制社区综合防灾减灾应急救助预案。根据《北京市突发事件总体应急预案》,结合当地实际情况,城市、农村社区的区域空间差异、易发灾害种类等特点,有针对性地制定社区综合防灾减灾应急救助预案,在本市应急预案体系现有市、区(县)、街道(乡镇)三级管理的基础上,向基层社区拓展,实现应急预案管理全覆盖。统筹规划,整合资源·协调配合,因地制宜,明确基层社区应急管理组织和工作人员职责,规范突发事件预警防范、应急处置、避灾安置、生活救助、信息传递等工作,细化突发事件防范措施和程序,实现社区综合防灾减灾各项工作与《北京市突发事件总体应急预案》无缝衔接,确保社区综合防灾减灾工作落到实处。

(三)开展社区灾害隐患排查评估和治理。各社区要组织全面排查辖区内公共基础设施、公共设备、企事业单位和居民住房等存在的灾害隐患,在本区县专业管理部门的指导下,对社区可能存在的灾害风险做出科学、系统的评估,及时落实相关预防治理措施。社区要制止违章建筑,提高公共基础设施抗震能力。在灾害隐患未消除前,编制社区灾害隐患分布图,并告知社区居民和单位。要掌握社区老年人、儿童、孕妇、病患和伤残人员等群体的情况,为有效保护和转移安置社区居民提前做好各项准备工作。

(四)加强社区综合防灾减灾队伍建设。整合民政、公安、气象、地震、水务等部门在基层社区的防灾减灾工作职责,依托本市社区专职工作者队伍建设,配备专职(或兼职)工作人员,建设以社区工作人员、灾害信息员、安保人员为主体的社区综合防灾减灾工作队伍,建立健全工作机制,明确工作职责。支持和鼓励社区内的公务员、医生、教师、学生、离退休干部、退伍军人、民兵等人员成立形式多样的社区综合防灾减灾志愿者队伍,广泛开展社区综合防灾减灾服务工作。同时,注重协调、吸收辖区内企事业单位(含物业公司)参与,充分调动和发挥他们在人力物力等方面的优势,共同做好社区综合防灾减灾工作。

(五)加强灾害及突发事件的监测和信息报告。建立健全社区灾害日常监测预警制度,社区工作人员和灾害信息员要及时报告灾害隐患和相关灾害信息。建立完善社区灾害预警信息通报与发布制度,充分利用社区应急广播、电视、互联网、手机短信等手段,相互补充、支持,做好与北京市突发事件预警信息平台等各方面的技术衔接,及时准确地向社区居民发布自然灾害和突发事件的预警信息。

(六)开展社区综合防灾减灾培训和应急演练。社区应结合实际需要,充分利用民政、卫生、消防和红十字会等资源，定期组织（或委托专业部门和社会组织）安排有关专家和专业人员，对社区管理人员和居民进行避灾自救技能培训，传授逃生技巧、医疗救护知识等。定期组织社区居民、志愿者队伍以及社会组织、学校、医院等，开展防灾减灾演练及应对不同种类突发公共事件的应急演练活动。通过演练及时发现问题，不断修订和完善社区综合防灾减灾应急救助预案，提高预案的针对性和可操作性，切实增强应急反应能力。

（七）加强社区灾害应急避难场所建设。在本市城乡各社区，充分考虑城市、农村区域空间差异因素，通过确认、改建、新建等方式，将社区内的学校、体育场、公园绿地和广场等场所设定为社区灾害应急避难场所。避难场所应当符合《城市抗震防灾规划标准》（GB50413-2007）、《地震应急避难场所场址及配套设施》（GB21734-2008）、《公园绿地应急避难功能设计规范》（DB11-794-2011）等专业标准、设计规范和安全指标要求，具备供水、供电、公厕等基本生活保障功能。要明确避难场所位置、可安置人数、管理人员等信息，标明救助、安置和医疗等功能分区，在避难场所、关键路口等位置设置醒目的安全应急标志或指示牌，引导社区居民能够在灾害及突发事件发生时快速到达社区灾害应急避难场所。

（八）做好社区综合防灾减灾装备配备和应急救灾物资储备。各社区要采取多种形式，储备、配备必要的应急物资，如：水泵、铁锹、担架、灭火器等救援工具；应急广播、喇叭、对讲机等通信设备；手电筒、应急灯等照明工具；应急药品和棉衣被、食品、饮用水等基本生活用品。具体储备规模和标准由区县政府结合当地实际情况、参照救灾储备物资标准等研究制定。倡导社区居民家庭针对社区易发生灾害和可能发生的突发事件特点，配备逃生绳、收音机、手电筒、哨子、灭火器和常用药品等减灾器材和救生防护用品。

（九）强化社区综合防灾减灾知识宣传普及。要充分利用广播、电视、报刊、网络等宣传媒体，开展面向大众的综合防灾减灾知识宣传普及活动。社区要开展经常性的综合防灾减灾宣传教育活动，利用社区现有图书馆、文化站、学校、宣传栏、橱窗、安全提示牌等公共活动场所或设施，设置综合防灾减灾宣传教育专栏、张贴有关宣传教育材料。在每年"防灾减灾日"和"国际减灾日"期间,社区要开展丰富多彩的综合防灾减灾宣传教育活动。

四、保障措施

(一)健全组织体系和工作机制。市及区(县)尽快建立综合防灾减灾社区建设工作领导机构,强化民政灾害救助、防灾减灾工作职能,健全、充实区(县)、街道(乡镇)民政机构设置和人员编制,保证综合防灾减灾社区建设工作的落实。要健全工作体系,明确工作职责,强化责任落实,将综合防灾减灾社区建设工作作为履行创新社会管理和公共服务职能的重要内容。要建立健全政府统一领导、民政部门牵头,发展改革、教育、公安、财政、人力社保、国土、住房城乡建设、市政市容、水务、商务、文化、卫生、安监、广电、民防、地震、气象、消防、红十字等部门和单位参与的联席会议等协调机制,及时解决社区综合防灾减灾工作面临的困难和问题,促进综合防灾减灾社区工作科学、有序开展,尽快提升社区综合防灾减灾的工作能力和水平。

市民政局要充分发挥牵头指导作用,搞好协调服务,积极会同有关部门和单位结合本市综合防灾减灾、应急管理等工作实际,不断促进本市综合防灾减灾与应急管理工作的同步发展,同时结合本市实际情况,会同市编制部门加强对综合防灾减灾机构设置的研究。各级人力社保部门要配合做好社区灾害信息员的培训及人员配备等工作;教育、公安、国土、住房城乡建设、市政市容、水务、商务、文化、卫生、信息化、安监、广电、民防、地震、气象、消防、红十字等部门和单位充分发挥各自职能,加强对社区综合防灾减灾工作的支持和指导。

(二)加大社区综合防灾减灾经费投入。本市各级发展改革、财政等相关部门以及区县、乡镇政府要认真贯彻落实《关于加强和改进城市社区居民委员会建设工作的意见》(中办发〔2010〕27号)和本市关于全面加强城乡社区居委会建设工作有关文件精神,加大对社区建设的资金投入,建立健全社区综合防灾减灾投入机制,将社区综合防灾减灾经费纳入本级财政预算,市级财政根据民政部门开展综合防灾减灾工作的实际需要,安排年度专项资金预算;各区县财政、民政部门要按照当地常住人口、城乡区域特点,结合开展综合防灾减灾工作客观需求,编制年度专项资金预算,并制定相关文件,加强对社区综合防灾减灾相关资金使用的规范管理。对社区综合防灾减灾预警及通讯传播系统建设、社区应急避难场所的完善与规范、社区综合防灾减灾装备配备、应急救灾物资储备、基层灾害信息员的职业资质培训鉴定及应急队伍的建设等方面给予必要的经费支持和政策扶持，重点加大对财政相对困难区县的支持力度。

（三）科学规划社区综合防灾减灾建设。区县、乡镇政府要组织编制加强城乡社区综合防灾减灾工作实施方案，落实本市国民经济和社会发展"十二五"规划纲要，要将社区综合防灾减灾建设纳入本地城乡基本服务体系，纳入创新社会管理和城乡社区建设内容。要突出抓好社区综合防灾减灾设施的规划建设，按照"全面覆盖、安全便捷、整合资源、强化功能"的要求，统筹规划社区灾害应急避难场所、社区应急救灾装备停放地、社区救灾物资储备点。新建和改扩建的社区，要配套建设社区综合防灾减灾设施。

（四）加强部门协作配合。各相关部门要进一步强化全局意识，充分履职，加强对社区综合防灾减灾工作的专项业务指导；密切配合，以整合社区综合防灾减灾资源、加强城乡社区综合防灾减灾工作为首要任务，在综合防灾减灾宣传教育、灾害预防及应对、后期处置等环节中，进一步建立健全相关部门协调配合与社区居民联动的工作机制，同时落实督导检查工作，进一步完善社区相关基础设施建设及配备标准体系，保证和提高建筑物等抵御自然灾害的能力。

（五）强化统筹协调和管理工作。要将社区综合防灾减灾装备物资、社区灾害应急避难场所及社区综合防灾减灾志愿者等纳入全市应急物资、应急避难场所及应急志愿者的管理体系。

（六）加强对社区综合防灾减灾工作的考评。各区县要把社区综合防灾减灾工作作为政府绩效考核的重要内容，纳入区县政府每年重点工作的考核体系。积极争取把社区综合防灾减灾工作纳入创新社会管理、创建文明城市、社会治安综合治理、和谐社区等考评范围，严格考核督查。对社区综合防灾减灾中贡献突出的组织和个人给予表彰奖励。

各地区、各有关部门和单位要充分认识全面加强城乡社区综合防灾减灾工作的重大意义，立足于增强社区居民乃至全民防灾减灾意识和提高应对突发事件能力,按照本指导意见精神和《北京市综合防灾减灾社区标准(试行)》(附后),加强领导、完善制度、强化保障、通力合作、落实责任,多措并举,逐步建立完善党委和政府统一领导、民政部门统筹协调、各相关部门密切配合、全社会大力支持、社区居民广泛参与的工作机制,形成本市城乡社区综合防灾减灾建设工作的整体合力。各区县要结合本地实际情况,制定具体的贯彻意见和措施。各有关部门和单位要结合各自职责,研究具体的相关配套措施。市民政局要加强对本意见贯彻实施工作的指导和检查,并将贯彻落实情况向市委、市政府报告。

附录2.2 北京市综合防灾减灾社区标准(试行)

第一章 总 则

第一条 总体目标 以邓小平理论和"三个代表"重要思想为指导,深入贯彻落实科学发展观,坚持政府领导、部门指导、科学规划、统筹兼顾,全面推进社区综合防灾减灾组织体系、工作机制、队伍建设、预案制度、物资装备、宣传教育等各项能力建设,充分调动和发挥各部门、各单位和社区居民在防灾减灾工作中的积极性,整合资源,形成合力,全面提高各区(县)和街道(乡镇)所属社区应对自然灾害等突发事件的工作效率,增强公众防灾减灾意识和应对突发事件的能力,最大限度地减少国家和个人财产损失,保障人民群众生命安全,切实加强本市综合防灾减灾体系建设,提高城乡社区综合防灾减灾的整体水平,促进城市有序运行和首都安全稳定。

第二条 制定依据 根据《中华人民共和国突发事件应对法》《中华人民共和国防震减灾法》《中华人民共和国防洪法》《自然灾害救助条例》和《气象灾害防御条例》有关规定,认真贯彻落实党中央关于加强和创新社会管理的指示精神和《关于加强和改进城市社区居民委员会建设工作的意见》(中办发〔2010〕27号),结合国家减灾委《关于加强城乡社区综合减灾工作的指导意见》(国减发〔2011〕3号)和民政部关于防灾减灾工作的相关要求,落实好本市加强城乡社区居民委员会建设工作有关文件精神,制定本标准。

第三条 总体要求 立足当前，着眼于中国特色世界城市建设，构建处置有力、反应灵敏、运转高效的综合防灾减灾工作体系，创建与首都国际化大都市相适应、高标准的综合防灾减灾社区，满足本市及时应对突发事件的实际需要。社区综合防灾减灾建设工作纳入地区经济社会发展规划和社会基本服务体系，量力而行，统筹发展。社区综合防灾减灾建设工作纳入区县政府议事日程，加大资金投入，为推动本市综合防灾减灾社区建设工作的可持续发展提供资金保证。

第四条 工作原则 坚持统一领导与分级负责相结合、应急救助与生活保障相结合、政府救助与社会互助相结合、应急响应与长期准备相结合、城乡统筹与协调发展相结合的原则；

坚持部门配合，整合和调动社区防灾减灾资源的原则；

坚持依靠群众，充分发挥基层群众自治组织和公益性社会团体作用的原则；

坚持以人为本，最大限度地保护人民群众的生命和财产安全的原则，尤其要切实增强高层住宅密集社区应对突发事件的救助能力，确保受灾群众的基本生活。

第五条 有关定义 本标准涉及的社区是指居住在一定地域范围的人们所组成的社会共同体。综合防灾减灾社区是指通过长期以社区为主体开展综合防灾减灾工作，能有效降低辖区居民及财产遭受突发灾害的威胁，并能随着灾害发生及时做出恰当应变，迅速采取正确应对措施的社区。社区居民是指有固定居所、长期（或定期）居住在辖区内的居民，包括领取居住证的外来人口。对因城市建设和改造等特殊原因而未及时成立居（村）委会的社区，其所属的街道（乡镇）要做好综合防灾减灾工作的指导和管理，确保发生突发公共事件时此类"临时社区"能够及时采取应对措施。

第六条 标准使用 本标准是促进首都综合防灾减灾社区规范化管理、合理确定综合防灾减灾社区的工作规范，是衡量有关必备的综合防灾减灾设备和设施建设水平的全市性标准，也是创建"全国综合减灾示范社区""地震安全示范社区""平安社区""安全社区"等社区建设的重要依据。

第二章　组织管理

第七条　资金管理　综合防灾减灾社区建设资金实行预、决算管理。政府针对社区特定项目所投资金，要确保专款专用，严禁挪用。社区要制订政府拨款使用计划，通过预算决算表、社区募集资金年度审计表、专项投入资金年度审计表的形式，加强对社区综合防灾减灾建设专款的严格管理，规范使用。对于政府拨款使用情况，社区应当在年初做出工作计划以及预算，年底做出决算，并在社区宣传栏中公示；对于社区单位的捐赠、社会福利基金捐赠、公民个人捐赠等社区募集的资金，同样要设立专门账户，公开使用情况，每会计年度进行专项审计。

第八条　制度建设　建立健全基层综合防灾减灾工作组织，完善各项管理制度，切实做到领导者明确到位、制度完备、运转有效，确保在关键时刻发挥重要作用。

第九条　组织领导　各区(县)和街道(乡镇)所属的社区要尽快成立综合防灾减灾工作领导协调小组，明确召集人和成员职责，根据分工在日常工作中开展综合防灾减灾相关工作。领导协调小组组长要明确到位，权责明确，具有完备领导者工作制度；小组成员具体包括：社区基层党组织书记和社区主任、社区民警以及辖区内有关单位负责人等；小组成员各司其职，确保社区综合防灾减灾工作落到实处。发生突发公共事件时，在上级领导或专业部门工作人员尚未到达事发现场之前，由综合防灾减灾领导小组组长负责现场的临时指挥，组织小组成员根据具体分工开展相应工作。

各社区要根据本社区特点、综合防灾减灾工作的实际需要和可能发生突发事件的性质，设立各种应急工作执行小组。具体要求是：在执行小组成员配备上，广泛吸收社区居(村)委会成员、辖区企事业单位代表和物业公司(或管理企业)工作人员参加；明确社区综合防灾减灾各项工作负责人，建立完备的执行小组工作制度，实行分工负责制，切实做到责任到人、广泛覆盖、高效执行，协助政府及其有关部门做好相关工作。

(一)治安交通小组。由社区民警和治安员组成，主要职责是实施安全警戒，维持现场秩序；治安员配合交通管理部门疏导周边交通，开辟应急通道,保障应急处置人员、车辆和物资装备应急通行需要。

（二）医疗救护小组。由社区卫生部门有关人员组成,主要职责是开展伤员救护和卫生防疫等工作。

（三）宣传信息小组。由社区负责宣传工作的有关人员组成,主要职责是收集、整理突发公共事件相关信息,适时上报,协助上级宣传部门制定新闻发布方案,正确引导社会舆论。

（四）综合保障小组。由社区居（村）委会、辖区企事业单位和物业公司（或管理企业）的有关人员组成,主要职责是在突发公共事件发生后,负责为现场指挥部提供场地、办公设备和后勤服务保障;协助疏散人员,安置受灾群众,引导居民开展自救互救。

（五）其他工作小组。根据突发公共事件处置的实际情况,需要对辖区内居住的外籍人员等提供相关服务时,可组建外事工作组等。

第十条　志愿帮扶　积极发展社区志愿者服务队伍。由社区根据辖区居民资源和组成的状况,确定老人、儿童、残疾人及长期患病者等人群为具体帮扶对象,并通过结对帮扶的形式由志愿者组成帮扶小组,在突发公共事件发生后按照事先制定的疏散路径,及时将帮扶对象从事发现场撤离到避难场所或安全的临时安置位置。

（一）社区志愿者服务队伍的基本要求是广泛参与,职责明确,制定志愿者组织工作制度,签订志愿服务协议等。

（二）发展社区志愿者服务队伍,应吸收一切能够自愿、义务、无偿地参与社区综合防灾减灾工作的社区人员,有明确的分工、明确的自身定位、明确的志愿者身份,能够充分调动志愿者的服务积极性。志愿者也可以成立服务组织,制定完备的志愿者工作制度,努力提高服务水平。

第三章　应　急　准　备

第十一条　工作目标　在本市综合防灾减灾社区建设工作中,社区要积极开展有关综合防灾减灾的各项应急准备工作,在面对突发事件时真正做到心中有数,应对及时,有备无患。

第十二条　风险处置　社区灾害风险排查及评估是社区综合防灾减灾

工作的基础,社区应当定期或根据辖区实际情况变化及自查报告、专家评估报告,及时召开社区联席会议制定方案并组织落实。

(一)社区灾害风险评估。具体包括季节性评估、应急性评估和日常性评估,社区应当借助于本市有关灾害风险评估系统,在本区县专业管理部门的指导下,对社区可能存在的灾害风险做出科学、系统的评估。

(二)社区灾害风险排查。社区灾害隐患排查规则包括:组织机构到位、排查事项完备、排查记录详尽。即有专门的灾害隐患排查、巡视队伍(由社区工作人员和志愿者参与定期轮岗的社区巡查小组),能与居民进行及时有效的沟通(调查问卷、意见箱、便民热线、深入居民家庭等),详细记录有关情况和问题、对获得的信息进行及时汇总并制作工作日志。排查事项具体包括:自然灾害安全隐患;公共卫生安全隐患;社会安全,如社区内地下空间、工地、高空广告牌、空调架、窨井盖等各种建筑设施,道路、广场、幼儿园、中小学、老年人活动室等公共设施的安全隐患;老年人、儿童、孕妇、病患者、伤残人员等弱势人员基本情况;城市生命线系统如供电、水、气、热等方面的排查等。

(三)社区灾害风险隐患处置。具体包括自行处置、与专业部门有效联合处置和及时详尽上报信息。即巡查人员可以即时解决、简单细小的灾害隐患当场进行处置;对于排查中发现的专业、复杂的灾害隐患,及时联系公安、消防、医疗卫生等专业部门协同解决;对排查中出现的大范围的、社区无法控制解决的灾害隐患要在第一时间内向所在地区政府及有关部门报告。

当社区周边公安交通、轨道交通、公共场所及大型群众集会等发生突发事件时,按照所在地区政府及相关部门统一安排、指挥调度,积极参与相关保障和处置工作等。

第十三条 预案制定 根据社区实际情况,制定综合防灾减灾应急救助预案,明确社区综合防灾减灾工作领导协调小组和应急小组责任人、联系方式,设立应急响应启动条件,针对社区弱势群体制定先期处置应对救助措施;确定社区灾害信息员,开展社区灾害风险隐患日常监测工作,建立健全监测制度,做到灾害风险早发现、早预防、早治理;及时准确向社区居民发布灾害预警信息。

第十四条 预案内容 社区综合防灾减灾应急救助预案内容应包括有效的组织保障、科学的预警响应(专业部门发布预警后)、充分的物质保障和合理的专业分工。具体涵盖明确的领导机构、协调的指挥系统、通畅的信息联络、全员的社会力量参与;灾害预警的科学分类、启动标准的简单明了、预警信息的有效传递、规范合理的经费预算与审批、统一有效的物资储备与调配、基本生活需求的满足与保障;医疗卫生、交通运输、治安维持、网络通信、给水排水、供电、天然气各专业工程抢险救援队伍分工明确具体。

第十五条 预案评估 综合防灾减灾应急救助预案评估具体包括自我评估与修正、专家评估与网络交流。社区制定的综合防灾减灾应急救助预案,应当坚持每季度、每年度分别进行自我评估。社区根据自我评估的结果制定相应对策,修正预案。社区应当加强与各领域专家的联系,从不同专业角度对自评的综合防灾减灾应急救助预案进行评估,记录修改建议和意见,充实到本社区预案中。通过互联网等媒体,加强与国内外社区的交流,探讨现代社区综合防灾减灾应急救助预案的更新与完善。

第十六条 应急演练 社区应当结合自身实际需要,充分利用民政、卫生、民防、地震、消防和红十字等部门和单位的资源,发挥社区自治组织、志愿者服务队伍、专业救助队伍的作用,定期组织(或委托专业部门和社会组织)开展应对不同种类突发公共事件的应急演练,增强应急反应能力。演练具体包括组织指挥、灾害隐患排查、灾害预警及信息传递、灾害自救和互救逃生、转移安置、灾情上报等内容。要及时分析总结演练经验和问题,不断完善社区综合防灾减灾应急救助预案,提升社区的应对能力。

(一)每年在"国际减灾日"、国家"防灾减灾日",积极开展社区综合防灾减灾应急救助预案演练等活动。

(二)社区应将综合防灾减灾应急救助预案的制定与实际演练紧密结合,在演练时及时启动相应的应急预案,保障涉险人员安全;高效、有序地实施应急响应措施,组织现场及周围相关人员疏散;组织现场急救和医疗救援等演练活动。

第十七条 宣传培训 要通过定期邀请有关专家、专业人员或志愿者,灵活多样地对社区管理人员和居民进行综合防灾减灾培训,使其掌握防灾减灾自救互救基本方法与技能,包括在不同场合(家里、室外、学校等)发生不同灾害(地震等地质灾害、洪水等气象灾害、火灾等)后的逃生自救、互帮互救等基本技能。适时开展社区间综合防灾减灾工作经验交流。

(一)社区应当根据各自的特点及可能面临的灾害风险,有侧重点地进行交通安全、医疗救生救护、消防安全、工作场所安全、家居安全、老年人安全、儿童安全、学校安全、公共场所安全、体育运动安全、涉水安全、社会治安、环境安全与防雷安全等综合防灾减灾方面的宣传教育与培训。

(二)充分利用社区内现有公共活动场所或设施(图书馆、学校、宣传栏、橱窗、安全提示牌等),设置综合防灾减灾知识专栏、制作张贴国家和本市有关综合防灾减灾政策、措施等各种宣传材料。

(三)充分利用广播、电视、电影、网络、手机短信和电子显示屏等多种途径,开展经常性的宣传教育,进一步扩大社区综合防灾减灾知识和避灾自救技能的覆盖面。

(四)开展日常性的居民综合防灾减灾宣传教育,印制符合本社区特点的、针对性强、切实可行的各类综合防灾减灾和应对突发公共事件的宣传材料,分发到每户家庭,做到家喻户晓。

(五)认真组织社区内每个家庭,结合本社区综合防灾减灾建设实际,制定家庭灾害风险应对计划,掌握必要的居家安全应对措施、程序及必要的自救技巧等。社区居民积极响应,努力提高防灾减灾意识和能力,在突发公共事件发生时,积极配合政府和社区开展综合防灾减灾工作。

(六)定期组织社区管理人员参加综合防灾减灾培训,同时采取知识竞赛、趣味问答等灵活多样的形式,向社区工作人员和居民进行综合防灾减灾培训。

第四章 设 备 设 施

第十八条 避险措施 社区应当充分利用辖区内的学校、体育场馆、公园及广场等资源,规划和设定转移安置场所、疏散转移路线。要在明显位置设立方向指示牌、绘制社区综合避难图,明确灾害风险隐患点(带)、应急避难场所分布、安全疏散路径、弱势人群临时安置避险位置、消防和医疗设施及社区指挥中心位置等信息。同时,配备必要的综合防灾减灾设备。

第十九条　安置场所　主要指社区应急疏散避险场所（过渡性避险安置场所）。针对社区内平房区域、楼房区域、平房与楼房混建区域和农村区域等房屋建筑种类不同、空间区域面积不同等现有条件，社区尽最大可能地设置符合相关专业标准、设计规范［《城市抗震防灾规划标准》（GB50413-2007）、《地震应急避难场所场址及配套设施》（GB21734-2008）、《公园绿地应急避难功能设计规范》（DB11-794-2011）等］并能够确保安全的应急疏散避险场所。要考虑到残疾人的特殊需求，开辟残疾人轮椅专用通道；配备男女专用房间（帐篷）、应急食品、水、电、通信、卫生间等生活基本设施；要配备心理咨询室，灾害发生时由志愿者或心理医生及时疏导受灾人员的心理问题，稳定受灾人群的情绪。

设置社区应急疏散避险场所参照的基本标准为：

室内安置场所人均有效面积不低于 2 平方米；

室外安置场所人均有效面积不低于 3 平方米；

有效面积＝总面积－道路面积－不宜人员活动安置面积－其他不可利用面积。

社区的室内应急疏散避险场所包括：学校教室、体育馆、影剧院、人防设施等公共室内空间；民政系统的区县级和街道（乡镇）级的敬老院、福利院、光荣院；区县级的救助站、社区服务中心等设施。

社区的室外应急疏散避险场所包括：公园、绿地、广场、体育场、学校操场等室外空间。

第二十条　疏散转移　社区内应急疏散避险场所、关键路口、危险源等处应当设置醒目的安全应急标记；社区应当在辖区居民住房附近，利用标牌明确指示疏散转移方向和疏散路线，保证居民在突发公共事件发生时迅速、及时地到达应急疏散避险场所。

第二十一条　资源共享　要建立社区之间的联动机制，详细掌握周边社区应急疏散避险场所的设置情况，在发生突发公共事件、本社区不能满足疏散人口安置时及时安排使用，切实做到合理调度，资源共享。

第二十二条　避险示警　公布社区防灾减灾电子地图。社区防灾减灾电子地图的绘制依托北京市政务地理空间信息资源共享平台，由北京市信息资源管理中心提供基础底图(包括矢量图、矢量影像图等)以及平台已有相关数据和标注。各社区负责基本情况和数据的填报,各街道(乡镇)负责组织辖区内各社区有关数据、标志点的录入和绘制工作,最终形成全市的防灾减灾电子地图。社区防灾减灾电子地图应当标明比例尺。社区要在醒目位置设置专栏,公开社区防灾减灾电子地图,便于居民查看,达到提示公众的目的。以上相关数据发生变化后,要及时统计并逐级上报到区县民政局统一汇总,由市民政局及时更改升级,保证各项数据准确。

第二十三条 标注制作 社区防灾减灾电子地图包括过渡性避险安置场所的区域标点、应急疏散路线的绘制、社区风险源的标注、消防和医疗设施及社区指挥中心位置标注和社区基础数据的录入。

(一)政府机构等办公地的区域标注。社区防灾减灾电子地图中要对辖区内市、区(县)、街道(乡镇)政府、承担灾害救助职责的市、区(县)民政局和承担综合防灾减灾工作任务职责的各专业部门以及居(村)委会办公地点进行标注,同时,标注辖区内消防和医疗设施及社区指挥中心等位置。标注地址要翔实、具体,不得使用简称,地址应填报具体的门牌号码。

(二)社区应急疏散避险场所的区域标注。社区应急疏散避险场所是用于政府发出突发公共事件预警或灾害发生后需紧急转移安置且符合有关安全标准、适合居住的场所。安置场所要求远离危险源和其他安全隐患,适于搭建帐篷和临时居住生活。社区可根据相关规定,结合实际情况,确定本社区应急疏散避险场所的位置。

(三)社区应急疏散避险场所的标注。应提供社区应急疏散避险场所的名称、总面积、有效利用面积。

(四)疏散避险路线的绘制。疏散避险路线要求绘制从起点到安置场所的全程路线,路线选择要遵循道路安全畅通、快捷高效、合理分散的原则。楼房区线路要求起点具体到每个小区中每栋楼房;平房区线路要求具体到每条巷道。要根据安置场所可安置人口数量合理安排疏散人员。同时,要标注出每个住宅小区的居住人口数量。

(五)风险源的标注。区(县)、街道(乡镇)应按照自然灾害、安全生产事故等划分确定风险源。如地质灾害中的山体滑坡、泥石流、洪涝易发区、采空区、有居民居住的泄洪区等区域,易发生爆炸、化学毒气泄漏等安全生产事故的厂矿企业、商业网点等,并标明各种灾害危险强度或等级、灾害易发时间和范围。社区内的风险源现场应当设置醒目标记。

本市山区县农村社区风险源标注确定的险村、险户以及采空区区域,要提供和标注户数、人口数、危险源(山体滑坡、泥石流、洪涝易发区、采空区等区域)的性质情况。

第二十四条　物资储备　社区应当备有必要的应急物资,包括救援工具(如水泵、铁锹、担架、灭火器等)、通信工具(如喇叭、对讲机等)、照明工具(如应急灯等),应急药品和生活类物资(如棉衣被、食品、饮用水等)。同时,居民家庭应配有针对社区特点的减灾器材和救生工具(如逃生绳、收音机、手电筒、哨子、灭火器、常用药品)等。

第五章　评 估 完 善

第二十五条　档案建立　综合防灾减灾档案包括整个社区综合防灾减灾建设的各个部分,包含组织管理机制、灾害风险辨别与评估、灾害应急救助预案、宣传教育与培训演练、灾害隐患排查与处置、基础设施及资金投入、评估与改进系统等内容。

(一)社区综合防灾减灾档案的具体形式有:政策法规、制度、文件、工作日志、应急预案、活动记录、评估报告等。

(二)社区灾害记录应进行科学分类,具体是指社区在《北京市突发公共事件总体应急预案》所划分的自然灾害、事故灾难、公共卫生事件和社会安全事件 4 大类、13 分类、34 种不同灾害类型的基础上,对本社区可能面临的灾害风险进行分类记录,并将灾害发生的原因、种类、频率、造成的损失等细节记录存档。

(三)整个社区综合防灾减灾系统中的工作人员应当制作工作日志,详细记录每日的工作计划、完成情况、效果评价、改进措施等内容。应当将防灾减灾活动中产生的文字、照片、音频、视频等资料详细分类归档。

第二十六条　认证工作　选择有代表性的社区、重点单位或防灾减灾设备齐全的场所,开展气象灾害防御应急准备认证工作,并通过基层认证推动本市街道(乡镇)气象灾害防御应急准备认证达标工作的开展。有关认证标准依据市气象局的有关规定执行。

第二十七条　效果评估　通过对灾害信息的记录、统计和通报,对基础设施建设的落实,对居民的问卷调查,以及对社区居民应急逃生能力的测评等,评价本社区综合防灾减灾工作的效果,针对工作中暴露出的问题制定相应的对策。社区要不断总结以往的工作经验,为将来应急预案的完善和演练提供参考。

社区综合防灾减灾工作效果评估可参考的基本条件:

(一)社区居民(户)对社区综合防灾减灾状况满意率大于70%;

(二)社区近三年没有发生因灾造成的较大事故;

(三)具有符合社区特点的综合防灾减灾应急救助预案;

(四)经常开展综合防灾减灾知识宣传和技能培训;

(五)经常开展综合防灾减灾应急演练活动。

对发生重大安全事故且负有管理责任的社区,给予通报批评。

第二十八条　经验交流　通过社区间交流,相互取长补短,促进本社区综合防灾减灾工作的长期发展。交流应多渠道、多方面,包括:社区综合防灾减灾工作经验总结;社区综合防灾减灾工作问题汇总;社区综合防灾减灾工作沟通交流(经验座谈会、实地考察学习、网络通信交流);社区综合防灾减灾工作改进措施等。

第六章　附　　则

第二十九条　本标准自下发之日起实施。

第三十条　本标准由北京市民政局负责会同各相关业务主管部门进行解释。

附录2.3　山东省综合减灾示范社区创建管理办法

第一章　总　　则

第一条　为贯彻落实《山东省综合防灾减灾规划(2011—2015年)》,统筹做好城乡社区综合减灾工作,规范我省综合减灾示范社区创建管理,提升社区防御各类灾害的能力,增强社区居民防灾减灾意识和自救互救技能,最大程度保障社区居民生命财产安全,减少灾害造成的损失,特制定本办法。

第二条　省综合减灾示范社区创建依据山东省减灾委员会办公室制定的《山东省综合减灾示范社区标准》,并按程序进行评定和管理。

第三条　省综合减灾示范社区创建工作坚持政府主导,社会参与,注重长效,动态管理的原则。

第二章　组织领导

第四条　在省减灾委员会的领导下,省民政厅、省减灾委员会办公室负责指导、组织和协调全省综合减灾示范社区创建管理工作。

第五条　县级以上民政部门或者减灾委员会,组织、协调本行政区域的全省综合减灾示范社区创建工作,负责候选单位的初审、考核、验收和推荐工作。

第三章　申报程序

第六条　全省综合减灾示范社区创建程序包括社区申请、材料初审、现场核查和评定命名。

第七条　全省综合减灾示范社区的命名工作按年度进行,原则上一年一次。

第八条　申报全省综合减灾示范社区,要符合《山东省综合减灾示范社区标准》有关要求。

符合条件的社区应开展自评自查,填写全省综合减灾示范社区申报表,并将申报表和相关材料提交所在行政区域的县级民政部门。

第九条　县级民政部门通过初步审查、现场核查,将符合条件的候选社区材料报送所在行政区域的市级民政部门。

第十条　市级民政部门在审核社区申报材料、组织考核的基础上,每年9月30日前将本年度全省综合减灾示范社区创建工作报告、推荐名单和社区申报材料上报省民政厅。

第四章　示范社区的命名

第十一条　省减灾委员会办公室对各地上报的全省综合减灾示范社区候选单位申报材料进行审查,视情对各地创建情况进行抽查,提出拟命名的全省综合减灾示范社区名单,在民政厅门户网站公示。

第十二条　公示期满,报请省减灾委员会和民政厅审批后,以省减灾委员会和民政厅名义进行命名并授予牌匾。

第五章　命名后的管理

第十三条　全省综合减灾示范社区实行动态管理。市、县两级民政部门应加强对已命名社区的日常管理。每年开展抽查评估,抽查比例分别不低于 20％和 30％,对抽查中发现的未达到《山东省综合减灾示范社区标准》的社区,由市级民政部门下发限期整改通知。市级民政部门每年应将抽查情况报省减灾委员会办公室备案。

第十四条　省减灾委员会办公室每年对全省综合减灾示范社区进行抽查,总结推广经验,纠正存在的问题,视情通报抽查情况。

第十五条　全省综合减灾示范社区出现以下情况之一的,由省减灾委员会和民政厅撤销其称号,并由县级减灾委员会或民政部门负责收回牌匾:

(一)社区遭受突发自然灾害,因人为疏忽或过失,造成防范不力、应对不足,导致 1 人以上(含 1 人)死亡(含失踪)的;

(二)社区遭受突发事故灾难、公共卫生事件,因人为疏忽或过失,造成防范不力、应对不足,导致 1 人以上(含 1 人)死亡(含失踪)的;

(三)由市级民政部门下发整改通知或省减灾委员会办公室抽查认定不符合标准的社区,经整改后,在规定期限内仍未达到《山东省综合减灾示范社区标准》的。

被撤销全省综合减灾示范社区称号的社区,自撤销称号之日起,三年内不得申报省级综合减灾示范社区。

第六章　附　　则

第十六条　本办法由省减灾委员会办公室负责解释。

第十七条　市级民政部门依据本办法制定实施细则,并报省减灾委员会办公室备案。

第十八条　本办法自颁布之日起施行。

附录 2.4　山东省省级"综合减灾示范社区"创建标准

一、基本条件

1. 社区居民对社区综合减灾状况满意率大于60%。

2. 社区近2年内没有发生因灾造成的较大事故。

3. 具有符合社区特点的综合应急救助预案并经常开展社区防灾减灾演练。

二、基本要素

(一)社区综合减灾组织体系和管理机制健全。成立了社区综合减灾工作领导小组,建立了综合减灾示范社区工作机制。负责开展以下工作:

1. 组织开展综合减灾示范社区的创建、运行、管理、评估与改进工作。

2. 组织编制社区综合灾害应急救助预案,开展防灾减灾演练。

3. 组织制定符合社区条件、体现社区特色、切实可行的综合减灾目标和计划,并进行绩效评审。

4. 调动社区内各种资源,确保必要的人力、物力、财力和技术等资源的投入,共同参与社区综合减灾教育宣传活动,提升居民防灾减灾意识。

(二)开展灾害风险评估

1. 采用居民参与的方式,开展社区内各种灾害风险隐患排查治理工作。

2. 明确社区老年人、小孩、孕妇、病患者、伤残人员等弱势群体的分布,针对风险落实对口帮扶救助人员和措施。

3. 制定社区灾害风险地图。

（三）编制社区综合灾害应急救助预案

1. 预案明确社区至少设一名灾害信息员，开展社区灾害风险隐患日常监测工作，建立健全监测制度。

2. 预案明确了特定手段和方法，能及时准确向社区居民发布灾害预警信息。

3. 预案明确了领导小组和应急队伍责任人的联系方式，有针对社区弱势群体的对口帮扶、对应救助人员和措施。

4. 预案中有社区综合避难图，明确了灾害风险隐患点（带）、应急避难所分布、安全疏散路径、脆弱人群临时安置避险位置、消防和医疗设施及指挥中心位置等信息。

5. 每年开展不少于一次防灾减灾应急演练。

（四）开展减灾宣传教育与培训活动

1. 结合国家"防灾减灾日""国际减灾日"等活动，开展形式多样的防灾减灾宣传教育活动。

2. 利用现有公共活动场所或设施（图书馆、学校、宣传栏、橱窗、安全提示牌等），设置防灾减灾专栏、张贴宣传材料、设置安全提示牌等，开展日常性的居民防灾减灾宣传，普及防灾减灾知识和避灾自救技能。

3. 每年不少于一次邀请有关专家、专业人员或志愿者，对社区管理人员和居民进行防灾减灾培训。

（五）社区防灾减灾基础设施较为齐全

1. 通过新建、改扩建、加固或确认等方式，建立社区灾害应急避难场所，明确位置、可安置人数、管理人员等信息。

2. 在避难场所、关键路口等位置，设置醒目的安全应急标识或指示牌，引导居民快速找到避难所。

3. 社区备有必要的应急物资，包括救援工具（如铁锹、担架、灭火器等）、通信设备（如喇叭等）、照明工具（如手电筒等）和生活类物资（如食品、饮用水等）。

4. 居民家庭配备简易的防灾减灾器材和救生工具，如逃生绳、收音机、手电筒、哨子、常用药品等。

（六）居民减灾意识与避灾自救技能提升

1. 居民清楚社区内各类灾害风险及其分布，知晓本社区的避难场所及行走路线。

2. 居民掌握防灾减灾自救互救基本方法与技能，包括在不同场合（家里、室外、学校等）、不同灾害（地震、洪水、台风、地质灾害、火灾等）发生后，懂得如何逃生自救、互帮互救等基本技能。

3. 居民主动参与社区组织的各类防灾减灾活动。

（七）开展社区减灾动员与减灾参与活动

1. 社区建立了防灾减灾志愿者队伍，承担社区综合减灾建设，如宣传、教育、义务培训等工作。

2. 社区内相关企事业单位积极组织开展防灾减灾活动，主动参与风险评估、隐患排查、宣传教育与演练等社区减灾活动，在做好安全生产的同时，经常对企业员工特别是外来员工进行防灾减灾教育等。

3. 社区内社会组织发挥自身优势，吸收各方资源，积极参与社区综合减灾工作。

（八）管理考评制度健全

1. 社区建立综合减灾绩效考核工作制度，有相关人员日常管理、防灾减灾设施维护管理等制度措施。

2. 社区每年不少于一次对隐患监测、应急救助预案、脆弱人群应急应对等工作进行检查。

3. 社区要对综合减灾工作开展考评，对不足之处有改进措施。

（九）档案管理规范

社区建立了包括文字、照片等档案信息在内的规范齐全、方便查阅的综合减灾档案。

附表 《山东省综合减灾示范社区标准》评分表

一级指标	二级指标	评定标准	满分分值	考核分数
1. 组织管理机制（10分）	1.1 社区减灾领导机构（2分）	社区综合减灾运行、评估与改进领导机构健全	2	
	1.2 社区减灾执行机构（3分）	社区有专门的风险评估、宣传教育、灾害预警、灾害巡查、转移安置、物资保障、医疗救护、灾情上报等工作小组	3	
	1.3 社区减灾工作制度（3分）	（1）领导工作制度	1	
		（2）执行工作制度	2	
	1.4 减灾资金投入（2分）	有综合减灾社区资金来源，有筹集、使用、监督等管理措施	2	
2. 灾害风险评估（15分）	2.1 灾害危险隐患清单（4分）	（1）有针对地质地震、气象水文灾害、海洋灾害、生物灾害等各种自然灾害隐患的清单	1	
		（2）有针对公共卫生隐患的清单	1	
		（3）有社区内各种交通、治安、社会安全隐患的清单	1	
		（4）有社区内潜在的供水、供电、通讯及农业生产等各类生产事故的隐患的清单	1	
	2.2 社区灾害脆弱人群清单（3分）	（1）有社区老年人、小孩、孕妇、病患者、伤残人员等脆弱人群清单	1	
		（2）有外来人口和外出务工人员等清单	2	
	2.3 社区灾害脆弱住房清单（4分）	（1）有社区对各类灾害危险的居民危房清单	2	
		（2）有社区内道路、广场、医院、学校等各种和公共建筑物隐患清单	2	
	2.4 社区灾害风险地图（4分）	（1）用各种符号标示出了灾害危险点或危险区的空间分布及名称等	2	
		（2）标示出了灾害危险易发时间、范围等	2	

（续表）

一级指标	二级指标	评定标准	满分分值	考核分数
3. 灾害应急救助预案（15分）	3.1 社区综合避难图（3分）	有避难所名称、地点，可容纳避难人数信息等，有合理明晰的避难路线	3	
	3.2 社区灾害应急救助预案（4分）	(1) 预案结合了社区灾害隐患，社区救灾资源等多方实际情况及特点	1	
		(2) 明确了协调指挥、预报预警、灾害巡查、转移安置、物资保障、医疗救护等小组分工	1	
		(3) 有符合社区自身灾害隐患特点的应急救助启动标准，标准简单明了，便于社区居民理解	1	
		(4) 应急预案有所有工作人员的联系信息，所有脆弱人员的信息，以及对口帮扶救助责任分工	1	
	3.3 社区应急救助演练活动（5分）	(1) 演练活动密切联系预案，指挥有序	1	
		(2) 开展了针对各类脆弱人群或外来人员的演练	2	
		(3) 社区居民参与程度高，社区内单位、社会组织或志愿者等多方广泛参与	2	
	3.4 演练效果评估（3分）	(1) 演练活动过程有文字、照片、录音录像记录	1	
		(2) 演练活动效果有社区居民满意度访谈或意愿者调查	1	
		(3) 针对演练发现的问题，有改进方案等	1	
4. 减灾宣传教育与培训（12分）	4.1 组织减灾宣传教育（4分）	(1) 利用防灾减灾宣传栏、橱窗等组织了防灾减灾宣传教育	2	
		(2) 邀请有关专家、专业人员或志愿者，对社区管理人员和居民进行防灾减灾培训（每年不少于1次）	2	
	4.2 开展防灾减灾活动（4分）	(1) 在全国家减灾日期间开展了防灾减灾活动	2	
		(2) 利用公共场所或设施开展经常性的防灾减灾活动（每年不少于1次）	2	
	4.3 参加防灾减灾培训（4分）	(1) 组织社区管理人员和相关人员参加了防灾减灾培训	2	
		(2) 组织社区居民参加了防灾减灾培训	2	

（续表）

一级指标	二级指标	评定标准	满分分值	考核分数
5. 防灾减灾基础设施（18分）	5.1 建立灾害避难所（8分）	(1) 建立了社区灾害应急避难场所,明确了避难场所位置、可安置人数、管理人员等信息	4	
		(2) 避难场所配备应急食品、水、电、通讯、卫生间等生活基本设施	4	
	5.2 明确应急疏散路径（3分）	(1) 明确了应急疏散路径、指示标示牌明确	1	
		(2) 在避难场所、关键路口配备了安全应急标志或指示牌	2	
	5.3 设置防灾减灾宣传教育场地和设施（3分）	(1) 建立了专门的防灾减灾宣传、教育和培训等活动的空间	1	
		(2) 设置了专门的防灾减灾宣传教育设施（安全宣传栏、橱窗等）	2	
	5.4 配备应急救助物资（4分）	(1) 社区配备了必要的应急生活类物资等急药品和生活类物资等,包括救援工具,通讯设备,照明工具,应	2	
		(2) 社区配备了减灾器材和救生工具,如收音机、手电、哨子、常用药品等	2	
6. 居民减灾意识与技能（10分）	6.1 清楚社区内各类灾害风险（2分）	(1) 居民清楚社区内安全隐患	1	
		(2) 居民清楚社区内的高危险区和安全区	1	
	6.2 知晓本社区的避难场所和行走路径（2分）	(1) 居民知晓本社区的避难场所	1	
		(2) 居民知晓灾害应急疏散的行走路线	1	
	6.3 掌握减灾自救互救基本方法（3分）	(1) 居民掌握不同场合（家里、室外、学校等）地震、洪水、台风、火灾等灾害来临时的逃生方法	1	
		(2) 居民掌握基本的互救方法（帮助脆弱人群,灾时受伤、被埋压、溺水等互救的方法	1	
		(3) 居民掌握基本的包扎方法	1	
	6.4 参与社区防灾减灾活动（3分）	(1) 居民积极参与社区宣传、培训,防灾演练活动	1	
		(2) 居民参加社区安全隐患点的排查活动	1	
		(3) 居民参加社区风险图的编制活动	1	

（续表）

一级指标	二级指标	评定标准	满分分值	考核分数
7. 社区减灾动员与参与（10分）	7.1 社区主要机构参与防灾减灾活动（4分）	相关事业单位能积极参与综合减灾社区建设的各种工作，组织开展本单位的防灾减灾活动	4	
	7.2 志愿者参与防灾减灾活动（4分）	（1）志愿者承担社区综合减灾建设的有关工作，如宣传、教育和培训等	2	
		（2）志愿者承担社区灾害应急时的有关工作，如帮助脆弱人群等	2	
	7.3 社会组织参与防灾减灾活动（2分）	非政府组织和其他社会团体参与社区综合防灾减灾活动	2	
8. 管理考核（5分）	8.1 有相对完善的管理制度（2分）	社区减灾日常管理，防灾减灾设施维护管理制度健全	2	
	8.2 进行经常性的检查（2分）	（1）对社区的隐患监测工作，防灾减灾设施等进行检查（每年不少于1次）	1	
		（2）定期对社区应急救助预案、脆弱人群应急救助等工作进行检查	1	
	8.3 具体改进措施（1分）	依据评审有具体改进的措施	1	
9. 档案（5分）	9.1 减灾工作档案（4分）	建立了规范、齐全的社区综合减灾档案	4	
	9.2 综合减灾示范社区创建过程档案（1分）	综合减灾社区申报、审核、评估、颁发等过程档案	1	

参考文献

学术著作

1. 陈庆云：《公共政策分析》，中国经济出版社 1996 年版。

2. 程虹：《制度变迁的周期——一个一般理论及其对中国改革的研究》，人民出版社 2000 年版。

3. 辞海编辑委员会：《辞海》（第六版彩图本），上海辞书出版社 2009 年版。

4. 〔日〕大岳秀夫：《政策过程》，傅禄永译，经济日报出版社 1992 年版。

5. 〔美〕道格拉斯·C.诺斯：《制度、制度变迁与经济绩效》，杭行译，韦森译审，格致出版社、上海三联书店、上海人民出版社 2014 年版。

6. 丁石孙：《灾害管理与平安社区》，群言出版社 2006 年版。

7. 俸锡金等：《地市一级的巨灾应对——四川省绵阳市应对汶川特大地震案例研究》，北京大学出版社 2016 年版。

8. 俸锡金等：《社区减灾政策分析》，北京大学出版社 2014 年版。

9. 〔美〕弗莱蒙特·E.卡斯特、詹姆斯·E.罗森茨韦克：《组织与管理——系统方法与权变方法》（第四版），李柱流等译，中国社会科学出版社 2000 年版。

10. 高庆华等：《中国减灾需求与综合减灾——〈国家综合减灾十一五规划〉相关重大问题研究》，气象出版社 2007 年版。

11. 郭伟等：《汶川特大地震应急管理研究》，四川人民出版社 2009 年版。

12. 国家科委国家计委国家经贸委自然灾害综合研究组、中国可持续发展研究会减灾专业委员会办公室编：《中国减灾社会化的探索与推动》，海洋出版社 1996 年版。

13. 黄承伟等：《马口村：外部援助与内源互动重建》，华中科技大学出版社 2012 年版。

14. 李建国:《中国模式之争》,中国社会科学出版社 2013 年版。

15. 吕芳:《社区减灾:理论与实践》,中国社会出版社 2011 年版。

16. 〔美〕罗伯特·K. 殷(Robert K. Yin):《案例研究:设计与方法》(中文第 2 版),周海涛、李永贤等译,重庆大学出版社 2010 年版。

17. 罗平飞:《全国减灾救灾政策理论研讨优秀论文集》,中国社会出版社 2011 年版。

18. 〔美〕曼瑟尔·奥尔森:《集体行动的逻辑》,陈郁等译,上海人民出版社 1995 年版。

19. 秦玉琴等:《新世纪领导干部百科全书(第 3 卷)》,中国言实出版社 1999 年版。

20. R.J. 斯蒂尔曼:《公共行政学(上册)》,李方、杜小敬等译,中国社会科学出版社 1988 年版。

21. 〔美〕R. M. 克朗:《系统分析和政策科学》,陈东威译,商务印书馆 1985 年版。

22. 〔美〕塞缪尔·亨廷顿:《文明的冲突与世界秩序的重建》,周琪等译,新华出版社 2002 年版。

23. 沈云锁等:《中国模式论》,人民出版社 2007 年版。

24. 史培军、耶格·卡罗等:《综合风险防范——IHDP 综合风险防范核心科学计划与综合巨灾风险防范研究》,北京师范大学出版社 2012 年版。

25. 世界卫生组织:《社区应急准备——管理及政策制定者手册》,人民军医出版社 2002 年版。

26. 徐贵相:《中国发展模式研究》,人民出版社 2008 年版。

27. 徐颂陶等:《走向卓越的中国公共行政》,中国人事出版社 1996 年版。

28. 张金马:《政策科学导论》,中国人民大学出版社 1992 年版。

29. 张曙光:《中国制度变迁的案例研究(第 1 集)》,上海人民出版社 1996 年版。

30. 中国国际减灾十年委员会办公室编:《中国国际减灾十年实录》,当代中国出版社 2000 年版。

31. 中国社会科学院语言研究所词典编辑室:《现代汉语词典》(第 6 版),商务印书馆 2015 年版。

32. 中华人民共和国国务院新闻办公室:《中国的减灾行动》,外文出版社 2009 年版。

33. 祝明等:《灾后重建与社区减灾政策研究》,法律出版社 2014 年版。

学术论文

1. Bajet R., Matsuda Y., Okada N., "Japan's Jishu-bosai-soshiki community activities: analysis of its role in participatory community disaster risk management", *Natural Hazards*, 2008(44): 281—292.

2. 北京市朝阳区人民政府望京街道办事处:《创新机制 提高社区综合减灾能力》,载《中国减灾》2008 年第 11 期。

3. 陈锦华:《中国模式与中国制度》,载《人民日报》2011 年 7 月 5 日。

4. 陈荣等:《社区灾害风险管理的现状与展望》,载《灾害学》2013 年第 1 期。

5. 陈新辉等:《北京城市社区灾害管理模式的探索性研究》,载《科技与管理》2007 年第 2 期。

6. 褚松燕：《从灾害管理到灾害治理：中国城市社区减灾防灾救灾体系研究》，载《中国治理评论》2014 年第 1 期。

7. 戴婧：《中国社区灾害教育现状分析》，载《城市与减灾》2014 年第 1 期。

8. 邓彩霞等：《农村社区防灾减灾能力建设研究》，载《甘肃农业》2013 年第 22 期。

9. 丁煌等：《政策工具选择的视角——研究途径与模型构建》，载《行政论坛》2009 年第 3 期。

10. 俸锡金：《减灾宣传教育困境的利益相关性分析》，载《中国减灾》2015 年第 13 期。

11. 俸锡金：《农村社区减灾能力建设的困境与对策》，载《中国减灾》2009 年第 10 期。

12. 俸锡金：《影响防灾减灾知识传播的要素分析》，载《中国减灾》2015 年第 20 期。

13. 高克宁：《创建完备的"社区减灾"模式》，载《中国减灾》2005 年第 4 期。

14. 顾林生：《国外基层灾害应急管理的机制评析》，载《中国减灾》2007 年第 6 期。

15. 黄红华：《政策工具理论的兴起及其在中国的发展》，载《社会科学》2010 年第 4 期。

16. 金磊：《社区安全减灾建设的理论与实践》，载《北京联合大学学报》2003 年第 2 期。

17. 金磊：《中国安全社区建设模式与综合减灾规划研究》，载《城市规划》2006 年第 10 期。

18. 金小红等：《汶川灾后农村社区系统恢复重建的模式思考》，载《公共管理高层论坛(第 10 辑)》2010 年第 2 期。

19. 来红州：《我国社区综合减灾工作概况》，载《中国减灾》2013 年第 23 期。

20. 林静等：《安全社区 构建和谐社会的重要载体——访中国职业安全健康协会理事长张宝明》，载《劳动保护》2009 年第 9 期。

21. 刘亚娜：《北京农村社区防灾减灾问题浅析》，载《北京航空航天大学学报》(社会科学版)2013 年第 5 期。

22. 陆小成：《公共政策执行中的社区自治探究》，载《湖南工程学院学报》2004 年第 2 期。

23. 吕芳：《利用社区的社会资本提升社区减灾能力》，载《中国社会报》2009 年 10 月 26 日。

24. 吕芳：《西部农村社区减灾：问题与成因——以震后五个重点村为例》，载《中国农村经济》2010 年第 8 期。

25. 吕芳：《中国式社区减灾的政府角色》，载《政治学研究》2012 年第 3 期。

26. 潘维：《中国模式，人民共和国 60 年的成果》，载《绿叶》2009 年第 4 期。

27. 秦宣：《"中国模式"之概念辨析》，载《前线》2010 年第 2 期。

28. 任翠华等：《乡村社区减灾能力建设研究——基于乡村社区灾害管理实践的思考》，载《城市建设理论研究》(电子版)2014 年第 8 期。

29. 施式亮等：《安全社区模式及其运行机制研究》，载《中国安全科学学报》2005 年第 9 期。

30. 史培军:《仙台框架:未来15年世界减灾指导性文件》,载《中国减灾》2015年第7期。

31. 宋燕琼等:《国际社区减灾三种模式比较》,载《中国减灾》2011年第19期。

32. 涂力:《四川灾后重建之人际关系建构分析——以四川省什邡峡马口村为例》,西南交通大学硕士学位论文,2011年5月。

33. 王芳:《"中国模式"概念之语境辨析》,载《中共南京市委党校学报》2012年第3期。

34. 王华:《社区灾后重建的可持续发展研究——以雅安市芦山先锋社区为例》,载《新常态:传承与变革——2015中国城市规划年会论文集(06城市设计与详细规划)》,2015年9月19日。

35. 王应有:《构建五个体系,着力提升城乡社区综合减灾工作水平》,载《中国减灾》2013年第3期。

36. 吴宏杰:《遵循规律 标准引领 构建社区(村)综合减灾新格局》,载《中国减灾》2016年第11期。

37. 伍国春:《日本社区防灾减灾体制与应急能力建设模式》,载《城市减灾》2010年第2期。

38. 夏提古丽·夏克尔等:《台湾灾后社区发展的运行机制探讨》,载《社会工作》2014年第1期。

39. 徐玖平:《汶川特大地震灾后社区建设的优选模式》,载《管理学报》2009年第2期。

40. 许晓平:《74.55%民众认可"中国模式"——民众如何看待"中国模式"调查》,载《人民论坛》2008年第24期。

41. 叶宏等:《"社区灾害管理"的本土化策略——以西部民族地区为例》,载《西南民族大学学报》(人文社会科学版)2012年第6期。

42. 喻尊平:《坚持五个注重,扎实推进城乡社区综合减灾能力建设》,载《中国减灾》2016年第1期。

43. 袁鑫:《治理视域下灾后社区重建研究——以四川省芦山县为个案》,华中师范大学硕士学位论文,2015年5月。

44. 袁艺:《中国农村的自然灾害和减灾对策》,载《中国减灾》2009年第3期。

45. 张建等:《在灾难中获取启示 让经验成为财富——北川县贯岭乡基层综合应急队伍建设实践综述》,载《中国应急管理》2011年第2期。

46. 张健:《天津市社区灾害管理问题及对策》,载《环境与可持续发展》2013年第5期。

47. 张素娟:《国外减灾型社区建设模式概述》,载《中国减灾》2014年第1期。

48. 张晓宁:《中国的社区减灾政策》,载《中国减灾》2010年第5期。

49. 张晓曦:《我国社区防灾减灾面临的主要问题》,载《青年与社会》2013年第11期。

50. 张昱:《灾后社会关系恢复重建的路径探索——基于Q安置社区社会工作介入的实践》,载《华东理工大学学报》(社会科学版)2008年第4期。

51. 郑杭生:《"中国模式"是一个新故事》,载《人民论坛》2010 年第 31 期。

52. 郑永年:《中国模式研究应去政治化》,载《人民论坛》2010 年第 24 期。

53. 周洪建等:《社区灾害风险管理模式的对比研究》,载《灾害学》2013 年第 2 期。

54. 周晓红、周晓菁:《社区减灾综合对策分析》,载《中国减灾》2006 年第 4 期。

55. 朱健刚等:《多元共治:对灾后社区重建参与式理论的反思——以"5·12"地震灾后社区重建中的新家园计划为例》,载《开放时代》2011 年第 10 期。

研究报告/汇编资料

1. 国家减灾委办公室:《关于全国综合减灾示范社区定位和机制创新的研究报告》(内部资料),2009 年 12 月。

2. 国家减灾委办公室:《国家综合防灾减灾战略研究课题成果汇编》(内部资料),2013 年 10 月。

3. 国家减灾委办公室:《2015 年全国综合减灾示范社区创建工作座谈会经验交流材料》(内部资料),2015 年 12 月。

4. 国家减灾委办公室:《"全国综合减灾示范社区"创建优秀经验选编》,2010 年 12 月。

5. 国家减灾委员会办公室:《亚洲减灾大会文件汇编》(内部资料),2005 年。

6. 国家救灾管理体制研究课题组:《我国救灾管理体制的历史变革与发展趋势》(内部资料),2007 年 6 月。

7. 来红州等:《关于全国综合减灾示范社区创建工作的调研报告》(内部资料),2012 年。

8. 民政部国家减灾中心:《健全和完善跨部门的民政综合协调机制研究——以减灾救灾综合协调机制为例》,2013 年 6 月。

9. 民政部国家减灾中心:《农村社区减灾能力研究报告》,联合国开发计划署(UNDP)资助项目"早期恢复和灾难风险管理"的子项目报告,2009 年 2 月。

10. 民政部国家减灾中心:《灾后社会组织系统恢复和社区关系重建研究报告》,李嘉诚基金会捐助项目"彭州市小鱼洞镇大楠社区建设"的子项目报告,2010 年 7 月。

11. 民政部社会工作调研组:《社会工作介入玉树灾后恢复重建的调研报告》(内部报告),2010 年 6 月。

12. 中国国家减灾委办公室:《城乡社区减灾能力建设研究报告》,联合国开发计划署(UNDP)资助项目"早期恢复和灾难风险管理"的子项目报告,2010 年 12 月。

13. 中华人民共和国民政部和联合国驻华机构灾害管理小组:《社区减灾政策与实践》,2009 年 12 月。

14. 朱永等:《新时期广西社区防灾减灾模式研究》,2016 年民政部政策理论研究部级课题成果,2016 年。

后　记

　　书稿交付出版之时,我们不由地吁了一口气,满身的疲惫也随之而去。虽然六月的北京已酷暑难耐,但也让我们感受到了古都万物并秀时节的生机盎然。

　　在过去的三年多,我们几乎是将所有工作之余的时间都投入到了社区减灾模式这一研究之中,并在这深一脚浅一脚的前行中,感知做学问之艰辛,体会做研究的快乐!

　　自2008年以来,由于工作使然,我们一直有机会从事与社区减灾相关的研究或工作,收集和整理了大量的数据资料,为我们开展社区减灾模式研究奠定了良好的基础。尽管如此,在研究的过程中,我们还是深切地感受到了社区减灾模式这一研究领域的高深,以及要做好这一研究的艰难。所以,尽管我们尽了很大努力,但由于我们的愚钝,呈现在读者面前的这项研究成果还是有诸多的不足,在不少本该深入分析的地方也只能浅尝辄止。这不能不说是一大憾事!

　　在本书的写作过程中,最应该感谢的是民政部国家减灾中心。她不仅给了我们工作的机会,更给予了我们研究的平台,让我们在日复一日的繁杂工作中,始终保持着一份思考的乐趣。

　　感谢民政部救灾司救灾处处长来红州博士,他不仅为我们提供了诸多弥足珍贵的一手资料,还在繁忙的工作之余抽时间帮我们审阅了全部书稿,并提出了很多中肯而有价值的真知灼见。

感谢国家减灾中心评估与应急部副主任周洪建博士,他不仅和我们探讨了研究的思路,还在"社区综合减灾示范模式"这一名称的确定上提出了宝贵的意见。

感谢四川省减灾中心吴昊宇助理研究员,四川省成都市民政局救灾处吴宏杰处长、成都市锦江区水井坊社区党委刘志伟书记,浙江省宁波市民政局救灾处周兆骏处长、宁波市北仑区大碶街道九峰山农村新社区党委张科杰书记、王诗芳副书记,他们为我们实地调研和撰写案例提供了大力的支持和帮助。

本书得以顺利出版,与北京大学出版社的努力是分不开的。在这里,由衷地感谢北京大学出版社副编审高桂芳博士,他为本书的出版付出了辛勤的劳动。

作者水平有限,欢迎读者的批评指正。

作　者

谨识于北京广百东路 6 号院

二〇一七年九月一日